LOCUS

LOCUS

LOCUS

LOCUS

Smile, please

smile 161
尋找創意甜蜜點
掌握創意曲線，發現「熟悉」與「未知」的黃金交叉點，每個人都是創意天才
作者：亞倫‧甘奈特（Allen Gannett）
譯者：趙盛慈
責任編輯：潘乃慧
封面設計：三人制創
校對：呂佳真
出版者：大塊文化出版股份有限公司
www.locuspublishing.com
台北市 10550 南京東路四段 25 號 11 樓
讀者服務專線：0800-006689
TEL：(02) 87123898　FAX：(02)87123897
郵撥帳號：18955675
戶名：大塊文化出版股份有限公司
法律顧問：董安丹律師、顧慕堯律師

總經銷：大和書報圖書股份有限公司
地址：新北市新莊區五工五路 2 號
TEL：(02) 89902588　FAX：(02) 22901658

初版一刷：2019 年 3 月
定價：新台幣 360 元
Printed in Taiwan

THE CREATIVE CURVE

How to Develop the Right Idea
at the Right Time

尋找創意甜蜜點

亞倫・甘奈特 Allen Gannett 著　趙盛慈　譯

獻給哈利・威勒（Harry Weller，美國英年早逝的著名投資家）

目錄

前言

關於創意的本質，我們老是聽到一則謊言。

一如大家記憶所及，我們的文化流傳著一個不朽的神話——創意來自於靈光乍現。撰寫暢銷小說、畫出令人崇敬的畫作，或是開發高人氣手機應用程式，這些事情都具有一種神祕的特質，跟理性思維、邏輯無關，只有「天才」能夠辦到，對我們這些凡夫俗子來說卻遙不可及。

幾百年來，我們已經服膺這樣的說法，因為智者和評論家一再興高采烈說著創意天分的故事，強調個人、潛意識，以及創意成就背後看似神聖的安排。

我撰寫《尋找創意甜蜜點》的目的是要揭開創意成就的真相：爆紅事物的背後其實皆有科學依據，而且今時今日，神經科學讓我們擁有前所未見的能力，足以破解並設計不可或缺的「啟發」時刻，創造讓大眾愛不釋手的流行作品。

我對模式一向很著迷。小時候，不知花了多少時間打電玩，同時觀察人工智慧是如何運作，讓我打敗虛擬對手並拯救王國（或是星球、國家——我想大家應該知道我在說什麼）。這種對模式的著迷到了青少年時期，經歷了一些轉變，有一陣子，我一心一意想上電視參加遊戲節目（而且表現得不錯）。

今日，這個一輩子都是怪咖的人，找到了兩個家。

白天，我經營一間公司，和大品牌攜手合作，協助他們挖掘行銷數據背後的意義——換句話說，就是尋找模式。我們根據過往的數據，幫助《財星》（*Fortune*）五百大企業和高成長新創公司，瞭解未來能夠成功的行銷管道、訊息和戰略。

晚上，我則盡一切努力解答一個問題——創意成就是否有模式存在。過去的兩年，我訪問過好幾位世界上最成功的創作者，包括料理界巨擘、暢銷小說家，甚至是 YouTube 頂尖玩家。我和這個世代好幾位首屈一指的創意天才同桌而坐、共進餐點、一起聊天或用 Skype 通話。除此之外，我也和聲望卓著的學者討論創意、天才及神經科學領域的研究。

結果，我發現了什麼？

創意神話竟然只是迷思罷了。你不必天生擁有X戰警的超能力，也可以在藝術或商業領域成就斐然。事實上，成功創意人士**的確**掌握了某種打造爆紅事物的模式，只是任何人都可以運用。這個模式符合直覺，但也可以學習，而且跟神祕主義扯不上邊。你不必吃迷幻藥找靈感，更不必祈禱醍醐灌頂的那一刻降臨。

我發現，我們可以**刻意**模仿那些被捧上天的創意天才，看他們怎麼做，再照本宣科就是了，不久我們也能創造、執行**自己**超棒的點子。

現在就讓我們開始吧。

第一部

顛覆創意神話

第1章 夢中靈感

時間是一九六三年十一月。

保羅·麥卡尼（Paul McCartney）睡醒後，心中縈繞著一段他在夢中聽見的旋律。[1] 這名二十一歲的流行歌手，住在倫敦市中心溫坡街五十七號頂樓的房間裡。他踉蹌走向房內一架小型鋼琴。[2]

那是什麼旋律？

他坐在鋼琴前，試著重現在睡夢中聽到的音符。

感覺真熟悉。

他終於拼湊出來了：G和弦、升F小七和弦、B和弦、E小和弦、E和弦。他彈了一遍又一遍。他喜歡這個旋律聽起來的感覺，但他確信這個旋律一定來自某一首他曾經聽過、但幾乎忘掉的歌曲。就跟許多音樂家一樣，他擔心自己可能挪用了另一首歌的旋律。

太耳熟了，他心想。我以前在哪裡聽過？

麥卡尼在夢中聽見的旋律，最後譜成了〈昨日〉（Yesterday），是音樂史上翻唱次數最多的一首歌，有三千種不同版本。這首歌在美國的電視和廣播節目中表演超過七百萬次，[3]還是史上獲利第四高的歌曲。[4]

麥卡尼本人談到這首知名歌曲時曾說：「這可能是一首世紀之作。」事實上，〈昨日〉很可能是二十世紀最紅透半邊天的一首歌，而且看樣子是做夢得來的結果。麥卡尼告訴《真蹟紀念輯》（*The Beatles Anthology*）其中一名採訪者，這段經驗強烈影響他看待創意的方式：「它就這樣在夢中找上我，實在不可思議。所以我不敢妄稱什麼都知道；我覺得音樂實在神祕得不得了。」

對研究創意的人來說，保羅．麥卡尼腦中突然浮現優美的旋律，是天分閃現、創意無預警找上藝術家的經典例子：此時「靈光一閃」，點子猛然浮現在人的意識知覺中。這些靈感爆發的狀態沒有顯而易見的來源，在本質上無法預料。正因為這樣的本質，使得靈感爆發具有一種超自然的特性。所有在淋浴、跑步或走路時想出超棒點子的人，或多或少都經歷過這種時刻。

不管是J．K．羅琳在前往倫敦的火車上突然想出撰寫《哈利波特》的點子，還是莫札特不費吹灰之力便譜出曲子，這些情境在現代成了我稱為**創意靈感理論**的要素——也就是成功的創意事蹟來自神祕的內在流程，中間穿插令人料想不到的天分閃現。而且我們的文化始終認同一個概念：一個獨立自主的人，如果生來擁有絕佳天賦，能夠純粹因為靈感而有驚人之作。

除此之外，這樣的觀點並不侷限於音樂和文學的傳統藝術。數位時代的典型天才史蒂夫・賈伯斯說過一句經常被引用的話，他在這句話中解釋創意是一個有機的過程：「當你詢問創意人士他們是怎麼做到的，對方會感到有些愧疚，因為他們並未真的去**做**，只是**發現了**某樣東西罷了。」[5]

今日，大部分的人在看待有創意的偉大事蹟時，主要都是受到創意的靈感理論影響。但是這些靈光一閃的時刻為什麼會發生？高智商天才是唯一的解答嗎？如果我們研究這些創意時刻的時空背景，會不會發現背景各有不同，或是推翻靈感理論呢？

這是什麼旋律？

麥卡尼心中浮現〈昨日〉旋律的那個早晨，是一個典型的慵懶日子。他跟往常一樣在中午時分醒來。他和女友珍通常在倫敦的餐廳和俱樂部待到很晚才回家。

醒來後，旋律為何還記得如此清晰、扼要，不免教麥卡尼擔心。完成度似乎太高，太完整了。他料想自己應該是在無意間抄了這段旋律。會不會來自於一首他經常聽父親表演的經典歌曲？譬如〈通往樂園的階梯〉（Stairway to Paradise）、〈芝加哥〉（Chicago）、〈葉子搖籃曲〉（Lullaby of the Leaves）？披頭四對於創作流行金曲一事考慮得很周詳。約翰·藍儂曾經向採訪者描述這個樂團是如何處心積慮寫出他們的第一首冠軍單曲〈請取悅我〉（Please Please Me）：「我們試著讓它愈簡單愈好……我們的目標就是讓這首歌進入單週熱門歌曲排行榜。我想要寫出有羅伊·奧比森（Roy Orbison）風格的歌。」

麥卡尼的寫歌流程通常很講究方法，〈昨日〉顯然是個例外。麥卡尼後來表示，〈昨日〉的曲調頗像「爵士旋律」。他說：「我爸爸熟悉很多爵士老調。我心想，也許我只是以前聽過，就這樣記在腦中。」

他去找朋友，問他們認不認得這首歌。

首先，他問和他一起寫歌的夥伴約翰·藍儂。藍儂告訴他，他從沒聽過。仍不放心的麥卡尼，找上創作過許多熱門歌曲的朋友萊諾·巴特（Lionel Bart）。麥卡尼哼出旋律時，巴特沒有想起什麼特別的歌曲。看來，這似乎是一首原創歌曲。

麥卡尼還是不相信，繼續努力想出一個較年長、較有經驗的人來試聽，也許能讓他感覺問心無愧。

幾天後，麥卡尼拜訪以〈夢之船〉（Dreamboat）及另外十六首暢銷金曲走紅的英國歌手艾瑪・蔻根（Alma Cogan）。要說有誰認得出這首歌，非她莫屬。

他坐在鋼琴前面，把這段旋律彈給蔻根和她妹妹聽。彈完時，蔻根說：「很好聽。」

她以前聽過嗎？麥卡尼提問。會不會是別人的創作？

艾瑪・蔻根說：「沒有。這是原創，是首好歌。」

麥卡尼終於被說服了。他顯然是夢到一段出色的旋律，這個過程符合創意靈感理論的神祕特質。

我們可以用兩種方法來闡述靈感理論。

從積極的角度來看，天分一下子發揮出來這件事，可能發生在任何人身上。〈昨日〉在夢裡找上麥卡尼，根本不在他的掌控之中。我們都有可能夢到一段在排行榜上名列前茅的旋律。

另一方面，我們大都相信，假如我們沒有原始的天賦或與生俱來的才華，這些時刻永遠也不會找上門。唯有生來就有所謂「天賦」的人，才適用於創意靈感理論。

因此，我們當中有許多人，即使有一丁點想要成為下一位偉大的音樂家、小說家、企業家的抱負，在這樣的影響下，也都將其擱置一旁，反倒成了藝術的欣賞者或贊助人。在此同時，樂觀的人則是痴痴等待，希望靈光乍現找上他們。

靈感理論有數不清的奇聞軼事背書，而這些事跡來自這個時代的藝術創作家。作家談論自己如何等待創作靈感。企業家談論他們等候超棒的點子降臨。音樂家談論他們進入文思泉湧的狀態。

討論創意的書籍和部落格文章不計其數，提出各種建議，告訴我們如何突破寫作瓶頸或是發掘自己的「韻律」。以偉大藝術家為主角的傳記電影，強調這些藝術家必定擁有創造力，同時暗示這是屬於瘋狂天才的領域。

在此同時，我們其他人只能作壁上觀。

可是假如這整套理論都錯了呢？假如你不必等待靈光乍現發生在你身上呢？

通往〈昨日〉的道路

雖然〈昨日〉突然創作出來的故事相當有名，但大家比較不知道麥卡尼是怎麼用這段原始旋律寫出整首歌曲。

認為麥卡尼立刻寫出這首歌是錯誤的想法。

他夢到的只是簡單的和弦組合。當麥卡尼睡醒、腦中縈繞著旋律時，離完整的歌曲還差得遠。重點是，這段曲調沒有歌詞。在他繼續想辦法為這首歌編排結構的時候，他知道他必須想出對應的歌詞。

就在他彈奏旋律給艾瑪．蔻根聽的時候，蔻根的母親走進房間，問道：「有人要來點炒蛋嗎？」這句話提供麥卡尼需要的臨時歌詞：炒蛋。他最初想到的版本是：

炒蛋，
喔，我的寶貝，我好愛妳的雙腿
擺弄一番呀，
我相信炒蛋。

從那時算起，麥卡尼還要再埋頭苦幹將近二十個月，這首歌才完成。他深陷其中而不可自拔。在他持續創作的時候，身邊的人對這首不斷修改、未完成的歌曲逐漸感到厭煩。喬治．哈里森（George Harrison）向一位採訪者提過那段時期：「他老是在說那首歌。你會以為他是貝多芬，還是什麼人……」

就連披頭四在拍第二部電影《救命！》（*Help!*）的時候，麥卡尼都沒有因此動搖。他常常在休息時間寫歌。有一次，這部電影的製作人迪克．萊斯特（Dick Lester）實在受不了了，就說：「要是你再彈那首該死的歌，我就把鋼琴從舞台上搬走。要嘛趕快寫完，要嘛就放棄！」

後來，他們首次到法國巡迴演出，保羅下榻的飯店房間有一架鋼琴，於是他能繼續創作〈昨日〉。這麼做有了好結果。製作人喬治．馬丁（George Martin）頭一次聽到這首歌，就深深著迷，不僅很特別，也**非常**具有獨創性，讓他不禁擔心它無法融入披頭四的專輯。

麥卡尼則是發現，這首歌需要配上憂傷的歌詞（炒蛋這個主題實在難以寫成令人鬱鬱沉思的歌曲）。「我記得我在想人們喜歡悲傷的旋律；喜歡在獨處時縱情傷懷一下，播一張唱片，然後『唉呀呀』跟著唱。」一九六五年五月，在前往葡萄牙的路途中，他大致擬出最後的歌詞版本，終於把這首歌寫出來了。

一個月後，他和喬治．馬丁一起進錄音室錄製〈昨日〉。根據馬丁的說法，麥卡尼走進百代唱片（EMI）的第二錄音室，用木吉他彈奏〈昨日〉。馬丁唯一想到要修改的東西，只有加入弦樂團的伴奏。但保羅覺得那樣太多了，所以馬丁建議加入四重奏。添加最後這個旋律豐富又陰鬱的元素後，〈昨日〉誕生了。

這首經典歌曲在大家的印象中，是天分突然迸發的結果，但實際上是一個將近兩年的漫長探索過程——這個過程時不時令麥卡尼（和他的朋友）感到吃不消。儘管披頭四背後的神話，以創意天分突然發揮，來宣揚〈昨日〉的創作故事，但是我們知道，從夢境到錄製成歌曲的過程，絕對不是一條直通通的路。〈昨日〉並非全然是靈光乍現的結果，而是一件折騰人的苦差事。

可是，難道不能說，這首歌的確是從受到天啟的那一刻展開的嗎？這要怎麼解釋？有一小群研究人員，對〈昨日〉的起源故事深深著迷，包括對創意感興趣的學者、音樂史學家和勁頭十足的披頭四迷。他們都盡力找到這段旋律**真正**的源頭。

在〈昨日〉的起源理論當中，最有啟發性的一個理論出自披頭四專家伊恩．哈蒙德（Ian Hammond）。[6]他指出這首歌「就是從雷．查爾斯（Ray Charles）版的〈喬治亞在我心〉（Georgia on My Mind）逐漸修改、發展而來。〈昨日〉不只和前者有相同的和弦組合，而且還呼應了〈喬治亞在我心〉的貝斯線」。

確實，保羅．麥卡尼及披頭四成員非常仰慕雷．查爾斯。他們剛踏入這行時，便是在德國漢堡的酒吧和俱樂部翻唱他的歌曲。約翰．藍儂說，當他們開始表演自己的創作時「十分痛苦，因為我們那時翻唱了好多別人的歌，有雷．查爾斯、小理查（Little Richard），還有一堆人」。

對保羅．麥卡尼來說，看似天啟的東西，其實可能是在潛意識中處理他喜愛的音樂所產生的結果。這首歌和大多數音樂一樣，是從已經存在的和弦組合發展而來。事實上，如哈蒙德所指出的，雷．查爾斯版的〈喬治亞在我心〉是從赫奇．卡爾邁基（Hoagy Carmichael）的原始版本發展而來。像這樣「吸收」、「再造」、「影響」，是成功創作故事的共通點。

麥卡尼在回想自己是怎麼寫出〈昨日〉的時候，傾向把重點放在自己突然得到寫這段旋律的靈感。可是至少在一次訪問中，他承認其中有某種無意識的成分在運作：「如果信仰虔誠，那就是上帝賜給我這段旋律，而我只是傳播媒介；如果憤世嫉俗一點，那就是我把歌曲存到電腦裡，讓電腦聽所有我聽過的歌曲，聽個幾百萬年，有我爸聽的音樂，有我喜好的音樂，包括佛雷・亞斯坦（Fred Astaire）、蓋希文（Gershwin）等。最後，我的電腦在某天早上列印出它覺得不錯的一段旋律。」

我們認為無法解釋的天賦，通常有某個源頭。

從古希臘時代開始，創意靈感理論已經流行好幾千年了。雖然現在媒體上仍然不斷談論這項理論，我要討論的現代研究則是證明，創造潛力存在於我們每個人身上。

可是，如果我們誤解了麥卡尼及其他創作藝術家（假使孜孜矻矻、極度專注，才是較為準確的描述），我們仍舊無法解釋他們是怎麼讓作品大賣特賣。許多藝術家長年辛苦創作，卻不曾受到認可或稱讚。數不清的小說家努力寫小說，**始終**不屈不撓，卻沒賣出一本。許多畫家、雕塑家、編舞家、音樂家長期投入，卻從沒嘗過出名或作品大賣的滋味。顯然想要大受歡迎，不是付出血汗就行了。

我們有沒有可能找出創意成就的真正關鍵呢？

第2章 聽信謊言

我先前說過，我對找出模式一直很著迷。我們觀察到，許多看似有機或獨特的現象，其實都是一再重複的過程和系統所產生的結果。我相信藉由破解正確的模式，我們就能達成大大小小的目標。

我十八歲立志參加遊戲節目。這似乎是個不尋常的挑戰，但可能會很有趣，又能獲得可觀的報酬。於是，我報名了所有聽過的節目（還有一些我本來沒聽過）。有些節目要求參賽者寫短文，其他節目如《危險邊緣》（*Jeopardy*），則要求上網參加測驗。還有一些節目，像《命運輪盤》（*Wheel of Fortune*），只要求填寫報名表。

我寄出電子郵件，填妥線上表格，然後耐心等待。

經過無消無息的幾個月，有一天，一封邀請我參加《命運輪盤》選拔會的電子郵件出現了。我沒有研究謎題，而是利用選拔會的前幾週，想辦法弄清楚製作團隊想要什麼。我看了幾十集節目，尋找參賽者行為有哪些共同點。我在討論版上鑽研節目的運作方式，還閱讀部落格文章，瞭解其他人的選拔經驗。研究好幾小時後，我發現一個模式：選角團隊不是在找解謎專家，他們在找口齒清晰（而且聲音很大）、願意讓自己出糗，並在觀眾心中留下誇張與活力十足印象的人。

這就是為什麼我沒有研究字彙，而是想出許多丟臉的方法。我試著模仿芝麻街的玩偶艾莫，覺得觀眾也許會被我逗笑——或是覺得尷尬。而且參加選拔會的那天早上，我喝了兩杯義式濃縮咖啡，缺乏活力不會是個問題。

成功了！那年我參加了《命運輪盤》。雖然我輸給從維吉尼亞州來的喬安（我真該研究一下謎題的），但我歸結出一個假設：電視節目製作人在找某一種有活力的人，而我可以透過練習加以模仿。

我想向自己證明，我成功爭取到上電視的機會是可以反覆實踐，而非僥倖，所以我又參加了另一個節目的選拔會。

幾個月後，我參加MTV台的節目《行動者與改變者》（*Movers and Changers*）。這是尼克．卡農（Nick Cannon）主持的二流商業競爭節目，類似後期的《創智贏家》（*Shark Tank*）。我再度敗下陣來。當時的評審由一些名人擔任，如消費者新聞與商業頻道（Consumer News and Business Channel, CNBC）的吉姆．克瑞莫（Jim Cramer），我的商業點子並未受到他的青睞，最後我離開了那座眾所周知的島嶼，他會說：**賣掉，賣掉，賣掉！**

最後，我對模式的執著讓我投入更正經的事務。

這不是一本行銷書籍（雖然行銷人員**可以**運用這些概念），但我觀察到的現象，有很多是來自我在行銷工作中遇到的挫折。二〇一一年，我成為一間創投新創公司的行銷長，我想要提升公司的績效。又一次，我把模式給找了出來。我仔細研究公司的宣傳活動和目標客戶分析資料，結果得出的數據揭露公司如何能做得更好。我可以找出與顧客產生共鳴的主題和策略，但是尋找這些模式需要好幾小時的人力付出，而且非常無聊。

於是我在二〇一二年辭掉工作，創立了 TrackMaven，專門提供行銷人員可預測的分析數據。我希望用空白表格程式和 Excel 公式，將我之前做的事自動化。

現在，有些全球首屈一指的大公司請 TrackMaven 破解他們的行銷數據。我們打造的軟體前提是，如果你針對某個品牌觀察上百萬筆的行銷數據，即可找出模式來解答重要的問題。某間財務服務公司該不該在臉書（Facebook）的廣告上多花一些錢？某個零售品牌應該在部落格上談論什麼主題？是優惠折扣，還是新商品？公司應該寄出多少封電子郵件，避免讓顧客按下取消訂閱鍵？我們的平台幫助公司直接回答這些問題。

這間公司自從創立之後，就以超快的速度成長。[1]我們募集超過兩千八百萬美元的制度資本（institutional capital），與數百間公司合作（從《財星》五百大企業，到成長快速的新創公司都有），還入選五百大企業（Inc. 500）的「全美成長最快速公司」。

由於我們吸納數據的對象包括某些全球首屈一指的品牌，所以我們看得見其他人都看不見的數據。

從這個獨特的視角出發，我找到另一個令人驚訝的模式：大部分的行銷人員都注定失敗。

行銷應該是商業活動中最有創意的部分才對，但是內容行銷機構（Content Marketing Institute）卻指出，只有百分之三十的消費者行銷人員相信自己的行銷內容有效果。另一項研究則發現，企業對企業行銷宣傳活動只有百分之二・八達成目標。[2] 失敗成為多數行銷人員的現況。我想問，為什麼這些在組織裡創意頭腦數一數二的人會失敗？

為了回答這個問題，我開始和許多行銷人員會面。我想瞭解為什麼他們時常功虧一簣。他們創造的內容，是多得過頭了，還是太少？成功案例的統計數據，怎麼會一片慘澹到如此境地？

結果我發現，現在的行銷人員在按照錯誤的模式做事。他們傾向使用**創新**、**合作**、**腦力激盪**之類的字眼。對我來說，這些業界術語代表的是一群人在等待靈光乍現的時刻。就如相信靈感神話的人一般，他們相信超棒的宣傳點子會在對的時間，直接找上門。

行銷人員在他們的職業生涯中，還有辦公室裡，無意識地信奉著創意靈感理論的傳統神話。

我這麼說是什麼意思？他們以促進腦力激盪為目標，來設計辦公空間。到處都有會議室和白板，彷彿只要有這些東西存在，就能讓受到壓抑的創意釋放出來。某貿易團體指出，現在的辦公室有將近百分之七十設計成開放空間，以促進合作以及所謂的異花授粉作用（cross-pollination）。的確，公司和團隊的腦力激盪變得前所未有的頻繁。即便如此，整體來說，大多數行銷人員想出來的內容，並未引發轟動或引爆銷量。

顯然，開放式辦公室和白板致富法，無助於打造創意新紀元。

不只行銷人員將那樣的方法奉為圭臬。從畫家、廚師、作家到企業家，我和來自各種背景及行業的創作者見過面。我發現不論哪個創意領域，人們都把創意靈感理論當作獲得（其實是誤打誤撞）主流成功的範本。我認識的作家、企業家，甚至是藝術家，都使盡全力製造靈感乍現的時機。但即便是把全副心神都放在腦力激盪和靈感上，大部分的小說還是沒賣好，新創公司多半走向破產，大多數藝術家沒有一炮而紅。放眼各個創意領域，最多人採用的創意模式，也就是自由聯想、讓想法自由流動的創意模式，失敗得一塌糊塗。

更糟的是，太多有熱情的人接受創意是一種天賦的想法，甚至放棄成為創造者。他們放棄自己的夢想，成為文化的消費者，而非成為創造文化的人。最近一項以五千人為對象的全球研究發現，只有百分之二十五的人認為自己完全發揮創造潛力。[3]

另一方面，從畢卡索到賈伯斯，這些少數的創意天才，**確實**成功賺進大把鈔票。

他們是怎麼辦到的？為什麼我們其他人努力的結果這麼差？這些創意天才生來就有實現點子的本能嗎？他們只是幸運，還是有超越我們理解範圍的因素在發揮作用呢？我們大部分人都沒有大舉成功的機會嗎？

為了回答這些問題，我決定逆向解析創意成就。不管是熱門餐廳、火紅劇本，還是流行詩詞，究竟是什麼造就了這些爆紅的事物？其中有沒有什麼模式？創意上的成功能夠加以練習、鍛鍊、提升嗎？

為了解答這個問題，我直搗源頭。我和曾經達到創意和商業成就顛峰的人談話，希望揭露世界上最成功的人做了哪些事情來釋放潛力——即使他們無法用精確的語言說明。我飛到世界各地跟畫家和廚師碰面，用 Skype 跟搖滾明星和企業家通話，也訪問好幾十位正在創作的創意天才，瞭解他們的童年、腦力激盪過程，甚至工作空間配置。我想看看能否找出串得起來的單獨事件。我在各式各樣的情境下跟這些人士會面。有幾次，透過電子郵件就找到他們了；有些人則是透過一層一層的經紀人才聯絡上；還有很多人是透過共同認識的人牽的線。

同時，我也大量吸收最新的創意科學，訪問使用最新工具和技術來破解天賦的學者，並且鑽研上千篇經過同儕審查的論文和期刊。我想瞭解，科學能不能幫助我們解釋爆紅的事物是如何打造出來的。

我的調查結果是什麼？我不但找出我在尋找的隱藏模式，還得知一件令人驚訝和興奮的事：**創意的靈感理論根本不正確**。

就如我將呈現的，研究證明，大部分的人跟接連打造爆紅事物的藝術家一樣，生來就具備創造的潛力。我也瞭解到，賺進鈔票和博得喝采的事物有其演進基礎；成功的點子並非來自於神祕的源頭；我們所謂天分閃現的情況，其實是任何人都能建立的一種生物程序。簡單來說，我發現有一種科學和一種方法可以讓人大舉成功，而且任何人都能學會。

在這本書裡，我會帶大家詳細認識我發現的模式。

這本書講的不是行銷，也不是自我成長，純粹是一份指南，帶你瞭解什麼樣的創意模式能產生具有突破性的成就。你將認識創意思維的歷史，以及創意思維如何從希臘時代發展到現在這個步調快速的 Snapchat 和 Instagram 世界。你會發現趨勢的創造在神經科學中其實有跡可尋。最後，你會發掘成功創意人士為了提升成功機率所遵循的四種模式，而且你會瞭解能夠解釋這些模式**為何**有用的科學。你將發現，對某些創作者來說，這是有意識的過程，但大部分的創作者，由於小時候受過類似的教育和學習過程，是**無意識地**遵循這些模式。

提醒一下，創意的標準學術定義是創造**新穎**又有**價值**事物的能力。將創意想成只是創造出不同或具有獨創性的事物，是一種錯誤的認知。這個事物還要具有價值，意思是不管人數多寡，要有一群人覺得這個創意產物重要或實用。流行歌手創作出一首熱門歌曲，就是創造了一樣新穎且具有價值的東西。打造出一款受歡迎應用程式的企業家，值得我們好好研究。意思是，我在探索的時候，**不會**只強調蓋蒂博物館或羅浮宮裡頭的傳統畫家和藝術家。雖然我會提到不少那一類的傳統創作者，但是我也會談及許多當代藝術家、企業家、創意人士和公司，從創作歌手泰勒絲到班傑瑞冰淇淋（Ben & Jerry's）都有。

因此，我也會深入研究趨勢的科學。所謂趨勢就是，為數眾多的一群人同意某件事物具有價值，可能是一首歌、一件產品、一個點子。關於趨勢，研究發現，人類心靈有兩種看似互相牴觸的驅動力：人們迫切需要熟悉感，卻又求新求變。為了避免因未知而受傷，我們會尋求熟悉感，例如家庭的溫暖和朋友的陪伴。我們也尋求新鮮事物帶來的刺激和潛在報償。所有想要嘗試新餐廳或試聽新歌的人，都知道我在說什麼。

研究顯示，這兩種驅動力之間的張力，在偏好和熟悉感之間形成一種鐘形曲線的關係。個人或團體接觸到某樣事物的時候，會隨著每一次接觸而愈來愈喜歡這樣事物，直到這樣事物達到受歡迎的巔峰為止。從那一點開始，變成過度接觸，接下來每接觸一次，受歡迎的程度就會降低。

創意曲線

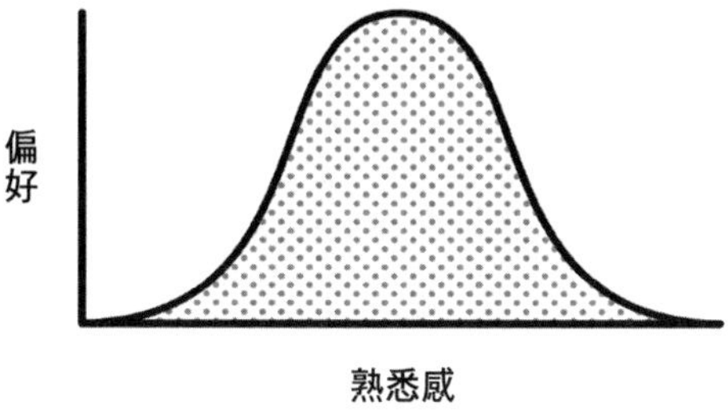

我將這個鐘形曲線稱作**創意曲線**（見上圖）。社會學家、心理學家、經濟學家認識並撰文討論這兩種驅動力所形成的鐘形曲線，已經有好幾十年的時間。摩斯．培坎（Morse Peckham）在一九六七年出版的《人對混亂的狂熱》（*Man's Rage for Chaos*）一書中，解釋這個矛盾的現象如何驅動我們的文化審美觀。[4]將近五十年後，約拿．博格（Jonah Berger）在二〇一六年推出的著作《何時要從眾？何時又該特立獨行》（*Invisible Influence*），描述「類似但不一樣」的想法如何發揮最大的社會影響力。[5]甚至到最近，德瑞克．湯普森（Derek Thompson）也撰寫《引爆瘋潮》（*Hit Makers*）一書，描述二十世紀的工業設計師如何觀察到，這個現象符合一種稱為「最先進但可接受」（Most Advanced Yet Acceptable）的原則。

不過，沒有人談過如何找出創意曲線的「甜蜜點」（Sweet Spot）——在偏好和熟悉、安全與驚奇、相似和差異之間達到最佳張力的位置。我在訪談和研究的過程中發現，不管能否清楚描述出來，受歡迎的創作者都有意無意地發展出一套達到這一點的方法。所謂的創作天分，其實是瞭解創意曲線的機制，並藉此大舉成功的能力。

不論他們從事什麼行業，我訪談過的創新人士所採取的方法，相似度令人吃驚。他們明白什麼是熟悉感，而且有把握閱聽人會回應他們運用的新鮮感。然後，他們會慢慢改變自己的藝術風格，促使閱聽人持續對他們的作品感興趣。

這些創作者學會掌握創意曲線的方法，我稱為**創意曲線法則**（laws of the creative curve）。隨著這本書往下開展，我會提綱挈領，介紹並說明下面四條法則，分別是**吸收法則**（law of consumption）、**模仿法則**（law of imitation）、**創意社群法則**（law of creative communities）和**反覆修改法則**（law of iterations）。

不管有意還是無意，創作天才都會運用創意曲線法則，發展出一套可逐漸深入的成功系統，幫助他們找到或建立將熟悉感和新鮮感融合得剛剛好的點子。也因此，他們的表現始終比一般社會大眾突出。

我會針對每項法則，說明基本的科學思維，並提出運用這項法則的實際範例。好消息是，這些法則可運用在任何創意領域或創意人士身上。

再說一次，傳統的創意觀點暗示，我們生存在一個可能性無窮無盡的世界，必須等待新點子突破重圍冒出頭來。我們被教育，有所收穫的那一刻可能出人意料地發生在任何情況下，淋浴、通勤或做簡報，任何時候都有可能。

我將在這本書證明這個觀點並不正確，也會破解創意曲線背後的科學，提供一個方法，讓各位盡量提高打造爆紅事物的機率，而且這個方法不論哪個行業都適用。

第3章 神話的起源

創意的靈感理論暗示，創意是一種神祕的內在流程，在我們體內翻騰、攪動，不時因為突如其來的深刻領悟，無預警地冒出表面而上下波動。簡單來說，就我們大部分人的理解，創意是上帝隨機賜予的禮物。然而，靈感理論還有另外兩項要素：首先，你必須要是傳統上的天才（也就是高智商天才），超棒的創意點子才會突然找上你；再來，有一點神經質或瘋狂是有幫助的。換句話說，卓越的創造才華多半與生俱來——生來就有，或是生來就沒有，而有一點「與眾不同」的人通常都有這種才華。

我們常常看到娛樂表演作品強調這項理論。在改編自同名舞台劇的電影《阿瑪迪斯》（*Amadeus*）中，尤其展露無遺；這部電影在一九八五年贏得八座奧斯卡金像獎，包括最佳電影獎。

《阿瑪迪斯》描述沃夫岡·阿瑪迪斯·莫札特和安東尼奧·薩里耶利（Antonio

Salieri）劍拔弩張的關係；薩里耶利自認是莫札特的對手。在電影中，小莫札特蒙住雙眼為國王和教皇彈奏鋼琴。電影聲稱，才華洋溢的神童莫札特在四歲時，寫出他的第一首協奏曲。[1]

在這部電影裡，薩里耶利鍥而不捨地作曲，一遍又一遍改寫這些曲子。當他發現年輕的莫札特寫出無懈可擊的初稿，而沒有任何編輯或修改的痕跡時，他感到怒不可遏。

在某個場景，薩里耶利注視莫札特完成的曲子，說：「真令人驚訝！簡直難以置信。這些是唯一的手稿，卻看不出任何更動的痕跡……又一次，這是來自上帝的聲音！」

薩里耶利既敬畏又嫉妒。神聖的音樂似乎只會從莫札特的筆下流瀉而出。更誇張的是，莫札特是個無法自律的幼稚酒鬼，至少電影裡是這麼演的。

在我們許多人眼中，莫札特是靈感創意理論的化身。知名電影評論家羅傑．伊伯特（Roger Ebert）說過，《阿瑪迪斯》裡對莫札特的描述，「不是紅塵俗世中的莫札特，而是用誇張的手法呈現，真正的天才很少會認真看待自己的作品，因為來得太容易了。」[2]

這部電影描繪的莫札特，原型出自德國某本一線音樂雜誌於一八一五年刊登的莫札特親筆信。雜誌出版人是這位作曲家的超級樂迷及專家，他向所有願意聽故事的人訴說莫札特是如何不借助鋼琴，光用腦袋作曲。

莫札特在信中說明自己的作曲過程：「要是我沒有受到打擾，我的主旋律會變得愈來愈明確、有條理且輪廓分明；整首曲子即使很長，還是會在我的腦海中成為幾近完成和完整的狀態。這麼一來，我只要看一眼，就能審視整首曲子，就像在看一張精美的畫作或一尊美麗的雕像。」

這封信成為莫札特神話的基礎：這位優秀的作曲家在音樂發想上毫不費力；透過神祕的「高層次力量」，得出這些點子。[3]這種說法，跟其他無數則提及天分突然發揮的流行故事如出一轍，任何懷抱理想、卻不相信自己是和上帝有所連結的天才的人，聽到了都會放棄創作的念頭。如果你不是生來就有萬中選一的天賦，根本沒有打響名號的機會。

莫札特的信件還有一個問題：這封信是偽造的。[4]

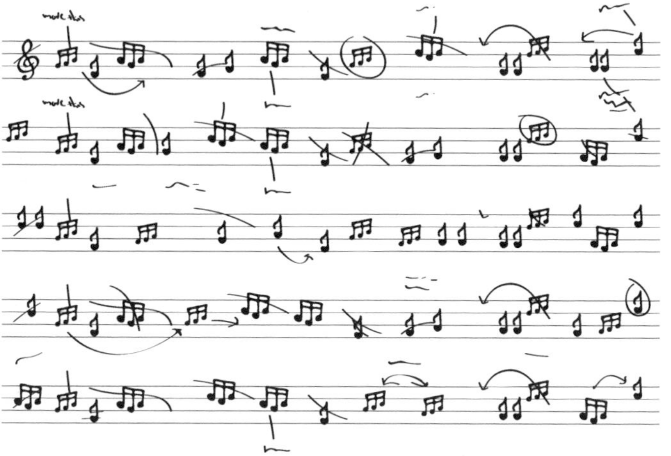

莫札特的才華是上帝賜予的說法出自一名想要銷售雜誌、滿懷野心的出版人。約翰・羅赫利茨（Johann Rochlitz）是一名德國雜誌出版商，非常崇拜莫札特，出版過許多據稱出自莫札特或和莫札特有關的信件和傳聞。後來其他傳記作者發現，他的故事有很多都誇大了，有一些則純屬杜撰，例如這封信。

儘管如此，這個神話還是成立了。過了數百年，對莫札特的這種看法，依然根深柢固存在於我們的意識當中。

在現實中，莫札特長時間工作，頻繁地反覆修改，過程極其辛勞。他形容某部弦樂四重奏作品是「長期付出辛勞的成果」。[5] 在編寫樂曲各樂章時，莫札特會擬出好幾份粗略的樂稿，等於這位作曲家的草稿。

莫札特甚至使用一種幫助擬稿的速記法，

方便自己修改樂譜。[6]認為莫札特完全是在腦中創作樂曲的想法也不正確。在他的真實信件裡，他清楚表明自己是坐在鋼琴前面寫曲，因為他工作時需要聽到音符的聲音。

莫札特神話還涉及另一個面向，就是他是天才兒童，生來就天賦異稟。在《阿瑪迪斯》裡，薩里耶利表示，莫札特四歲時創作出第一首協奏曲。在現實生活中，莫札特「寫」出第一首協奏曲是十一歲的時候，這時他已經在父親的堅持下，每天專心練琴練了好幾年。但人們後來發現，這些初期作品**並非**原創作品，而是重新詮釋其他樂曲。莫札特的父親從他三歲起讓他學習音樂，莫札特第一首真正**原創**的協奏曲在十七歲寫成。[7]這個年紀或許還算年輕，但在那個時候，莫札特已經密集練琴練了近十四年。十四年間每天長時間地練習，跟**天生的**世界級作曲家，根本是兩回事。

最後一點，莫札特和薩里耶利其實是朋友！沒錯，他們有時候會搶工作，但除了君子之爭，他們還喜歡有對方作伴，更合作了一首曲子——〈奧菲莉亞的康復禮讚〉（Per la ricuperata salute di Ofelia），而且薩里耶利還當過莫札特兒子的音樂**老師**！[8]

莫札特是創意靈感理論早期的標準範本，但他其實是密集投入大量心力創作的實踐家。

可是，創意靈感理論不但出現在流行文化和電影裡，也出現在主流媒體和學術界。

二〇一六年，《紐約時報》專欄作家大衛．布魯克斯（David Brooks）在一篇談論創意的文章中主張：「靈感不是你可以控制的東西。」他不相信靈感僅僅是努力的結果。「受到靈感啟發的人，已經失去某種程度的作用力。」布魯克斯繼續說：「他們通常覺得有某種東西在影響他們，某種比他們本身更高等的力量。希臘人稱之為繆思；宗教信徒會說是上帝或聖靈；其他人可能說是從潛意識深處爆發出來的神祕事物，是一種全新的觀點。」[9]

布魯克斯意指這種靈感超出我們的理解範圍。

創意是有幾分神祕的東西。這種想法在西方的民主世界蓬勃發展。學術研究人員似乎格外著迷於天才是優越人類的想法。有一篇文章特別研究了探討創意主題的博士論文，發現其中有六成強調創意是一種個人現象。[10]

沒錯，我們接下來會瞭解到，從這樣的觀點看，創意靈感理論也是一則神話，就如莫札特的信件一般，數百年來被評論家美化、誇大。總結來說，這個神話有四大元素。第一，這是個人行為，屬於具有「獨一無二天才」的領域。第二，那些靈感乍現的時刻，突然席捲創作者（例如〈昨日〉的創作過程）。第三，一旦靈感襲來，就很容易成功。第四，也是最後一點，像莫札特這樣的創意人士，有一點瘋狂、神經質或狂躁——通常三者兼具！

我們會看到，這些想法不是過度誇大，就是更糟，舉莫札特的例子而言，是編造出來的。但這些想法究竟打哪來？如果不是真的，為什麼有這麼多人相信靈感神話？還有，創作才華的真相是什麼？

創意的歷史

「詩人是輕飄飄、裝有翅膀而神聖的生物，要受靈感啟發、陷入迷狂而不再理性，才能夠創作。」[11] 如果你以為這又是一句大衛．布魯克斯說過的話，那你只是猜錯了幾千年而已。這是柏拉圖的話。

現代人對創意的看法，有不少可以一路追溯到古希臘。柏拉圖認為藝術家是在模仿上帝創造出來的現實。實際上，希臘人用來形容藝術作品的字就是 mimesis，意思是「模仿」。[12]

柏拉圖將這種對藝術家的看法擴大，他說：「這些討喜的詩，不屬於人，也不屬於人類的作品，而是神聖的諸神之作；詩人只是諸神的翻譯，每一位詩人都受到神的支配與奴役。」[13]

在柏拉圖和希臘人提供的歷史基礎下，「創意人士是受神支配、為神傳遞構想的靈魂」的概念便發展出來。拉丁文的 genius 指的是占有並保護個人的靈，這個概念也傳給了希臘人。[14]

希臘人也認為藝術家和一般大眾不同。柏拉圖將詩人進入的狀態稱為「狂熱」（delirium）。亞里斯多德同樣唱和這個概念，說狂熱襲來時，「許多人變成詩人、先知、算命師，而且……發狂的時候，是相當優秀的詩人；但是治好之後，卻再也寫不出詩句」。[15]看來天分和瘋狂，兩者盤根錯節。

於是，希臘人為創意靈感理論提供了幾個主要概念：藝術家受到上天的啟發，是靈魂被瘋狂支配所產生的結果。幾千年下來，藝術家的角色持續發展。

造訪中世紀

今天，博物館和美術館將這些人士奉為偉大的藝術家。知名作品在拍賣會場的售價就算不是數百萬美元，也有數十萬美元。然而，中世紀看待創意時，藝術家只是模仿者，複製上帝創造的現實。因此，早期西方社會僅將藝術家視為工匠。著有多本藝術史書籍的黛博拉．海恩斯（Deborah Haynes）教授在電話中告訴我，這些早期藝術家，社會地位排名在商人之下，只比奴隸高出一級。

當時沒有「知名藝術家」的概念，藝術作品大都沒有署名。部分原因是，當時的藝術品通常是在工作坊，由眾人合力完成。此外，多數藝術品並非原創，而是由藝術家遵循教堂及公民組織制定的嚴格準則，仿製一再出現的政治和宗教藝術品。

藝術家是技術工人，僅止於此，相當於受過訓練的現代木匠或磚瓦匠。

但隨著時間推移，歐洲國家因為貿易繁榮起來，藝術市場變得異常熱絡。崛起中的商人階級，熱切地想要花大錢，過國王般的生活，富有的貴族仍想裝飾他們的宮殿，教堂對令人生畏的壁畫和雕塑作品一直有所需求。

對藝術品的迫切需求增加，在西方藝術世界引發兩起重大改變。

首先，對藝術作品感興趣，讓藝術家嘗到一點權力的滋味。膽子大起來的藝術家開始參與集體協商，加入互助團體——也就是早期的工會，對工作條件、工具、成本，甚至技術都立有規範。這些互助團體提高了藝術家的社會地位。

但黛博拉．海恩斯表示，隨著個別藝術家嶄露頭角，這些人開始脫離互助團體，直接為新的出資階級工作。[16]

這群出資者擁有新興的財富，對藝術品的需求促使義大利展開文藝復興。很快地，藝術家作為個體的想法漸漸成形。史上第一次，「**知名**藝術家」如達文西和米開朗基羅出現了。隨著藝術作品愈來愈搶手，藝術家要求社會將他們視為菁英，幾乎達到英雄的地位。出資者願意助他們一臂之力，前所未見地，藝術家在他人眼中成了創作天才（包括足以匹配的自我意識）。

教皇與妓院

一名羅馬教廷的官員抬頭仰望米開朗基羅在西斯汀禮拜堂聖壇上作的壁畫，驚訝得目瞪口呆。[17]這幅畫描述上帝在基督復臨後進行的最後審判。跟當時大多數畫作不同的是，這幅畫裡的人物都大剌剌裸著身體。赤身裸體的誇張人像並非史無前例，但在畫中，他們多少對自身的裸體顯露一絲羞愧。

《最後的審判》是義大利文藝復興最重要的一幅畫作。儘管如此，教皇的侍從切塞納（Biagio da Cesena）告訴人們，這幅畫適合掛在 bagnio（即妓院）的牆上。

米開朗基羅被切塞納的評語激怒了。[18]他就是要讓這些聖人裸體，而且才不會被什麼官僚嚇唬。他決定展開報復，在這幅畫上多畫了一個角色：他把教廷官員切塞納畫成冥界判官米諾斯。此外，這幅畫中以切塞納為雛形的人物身上，有一條蛇不只繞了一圈，而是兩圈，象徵他身在第二層地獄，亦即但丁筆下貪欲、邪惡之人的發落之處。最後，他還讓畫中這條蛇看似咬著切塞納的生殖器，以表達他對切塞納的指責。

難怪切塞納會怒火中燒。這個米開朗基羅自以為是誰？切塞納直接找教皇抱怨這件事，但教皇拒絕介入。有一個說法是，教皇告訴切塞納：「我的權力並未延伸到地獄。」

米開朗基羅證明知名藝術家擁有新的權力，能夠起而對抗宗教的高層官員。

這個故事在歷史上能流傳下來，部分要歸功於最早撰寫藝術史的義大利文藝復興作家喬爾喬・瓦薩里（Giorgio Vasari）。那是一部義大利藝術家的百科全書，錄有扼要的小傳，對書中提及的藝術家有褒揚作用。

瓦薩里在這本書中，還定義了文藝復興時期對創意的看法。他解釋，雖然古希臘人認為藝術家僅止於模仿上帝，而且中世紀的統治者相信，藝術家只是工匠，但文藝復興時期的文化相信，藝術家並非單純模仿上帝，實際上他們**猶如上帝**。「而大師，亦即透過特殊恩典灌注於我們身上的那道聖光，不僅使我們比動物更優越，還如同上帝一般——希望這麼說不是一種罪。」

不再只有上帝會「創造」了，藝術家也會「創造」事物。此外，文藝復興時期的哲學家，尤其是瓦薩里，開始在智力和創造力之間建立某種連結關係。早期的思想家將藝術家視為地位低下的工匠，工作內容可說是只有「模仿」而已，但瓦薩里把焦點放在傑出藝術家的智力上。他描述某位傑出畫家：「雖然他很晚、都成年了，才投身繪畫藝術，可是他的本質使他踏上這條道路，給了他很大的幫助，而且他很聰明、智力出眾，很快就在這個領域獲得了不起的成就。」這股盛行的潮流讓藝術家有了轉變，從在工作坊學手藝，轉移到享有聲望的藝術學校學習。第一間藝術學校就是瓦薩里本人在麥第奇公爵（Duke Medici）的資助下所設立的學校。

現在藝術家不僅是智商高、猶如上帝的創造者，有些藝術家甚至用作品來**超越**現實。英國文藝復興更將這種思維的範圍擴大。詩人菲利普．西德尼（Philip Sidney）寫道：「大自然從未如詩人這般，以多采多姿的織錦呈現大地的樣貌。」[19]不過，藝術家在他人眼中仍是瘋狂的。莎士比亞形容：「瘋子、情人和詩人，都是幻想的產物。」[20]

儘管有點神經質和瘋癲（如果曾經有人這麼形容你，可以感到慶幸），藝術家的地位已經與上帝並駕齊驅。

是怪物，還是人

「我們各自寫一篇鬼故事吧！」[21]

二十八歲的知名浪漫主義詩人拜倫（George Gordon Byron）患有幽居症。一八一六年，由於火山爆發，冬季延長為十二個月，原本的湖畔之旅，演變成困在屋內不知多少小時；拜倫和朋友窩在他的湖畔小屋裡，度過陰雨綿綿的夏天。為了消磨時間，拜倫和朋友開始朗讀一本德國鬼故事集。拜倫就是在這個情境下，提出撰寫鬼故事的挑戰。這群人裡面，有個十八歲的女孩，名叫瑪麗，她是另一名困在小屋裡的客人珀西的情人。此時，瑪麗和珀西已經在世界各地旅行了兩年。瑪麗的父母都是知名的文學巨擘，但她仍努力在世上立足。她坐在珀西旁邊，覺得一籌莫展。她能寫出怎樣的鬼故事呢？

無數個小時，演變成無數個日子。喬治和珀西都拼湊出他們的恐怖故事了。珀西問瑪麗進展如何，但她什麼都還沒寫出來。有一天，她聽到珀西和喬治在談論最近的科學發現。一名植物學家聲稱自己觀察到微生動物顯然在死亡後會繼續移動。兩位男士提到人類屍體起死回生的概念。當時科學已取得種種進展，這似乎不是不可能的事。

這段對話，正是瑪麗撰寫鬼故事需要的題材，她很快就寫出一則短篇故事。其他人的反應很好，瑪麗受到鼓舞，最後這篇故事發展成一本小說。兩年後，瑪麗以匿名出版這本小說，取名為《科學怪人》。

瑪麗·沃斯東克拉夫特·雪萊（Mary Wollstonecraft Shelley）出書時只有二十歲。這位作家年紀輕輕，卻創作出引人入勝的故事，一代一代流傳下去。她的故事同樣是以人們對創作天才的刻板印象為基礎——一名聰明絕頂的科學家發瘋後，用自己的專業知識造出一個怪物。

珀西·雪萊（Percy Shelley）參與了英國的浪漫主義運動。浪漫主義者相信天才瘋狂、天資聰穎，所以能夠畫畫、寫詩、創作文學作品。這些人猶如上帝一般，卻又有些瘋狂，能用畫筆和鉛筆造出整個世界。

「瘋狂天才」的概念一直延續到維多利亞時代。一八五〇年代末，達爾文出版了《物種起源》，因為這本書和其他書籍，大家開始想要瞭解創造力和天分在科學及演化上的根源。維多利亞時期的學者其實發表了許多引起大眾注意的著作，討論所謂的瘋狂天才有哪些科學淵源，包含《遺傳的天才》（*Hereditary Genius*）、《天才人物》（*Man of Genius*）、《天才的狂顛》（*Insanity of Genius*）。[22]這些書的書名顯然欠缺原創性。

其中第二本書《天才人物》在一八九一年出版，主旨是證明天賦和狂顛互有關聯。作者切薩雷．龍布羅梭（Cesare Lombroso）運用薄弱的邏輯，聲稱「毋庸置疑，現在某些偉大的天才精神錯亂，讓我們得以推測其他天才多少也有點精神不正常」。

他的證據大都不具意義。舉個例子，他強調藝術家通常個子矮小、身體虛弱。然後，他天外飛來一筆補充道，天才有「說雙關語和玩文字遊戲的傾向」。

他認為這些「令人困擾」的特徵是從哪來的呢？

遺傳退化——父母透過基因將功能低下的身心狀態傳給孩子。根據龍布羅梭的說法，這些遺傳特徵讓許多孩子發瘋；在其他狀況下，則產生某些奇特的結果：天才。

他的說法一發不可收拾，演變成種族主義、性別主義和反猶主義。

龍布羅梭指出很多猶太人是天才；即便他提出天才是退化徵兆的說法，這在十九世紀其實是明褒暗貶。他寫過一段大力反猶的話：「看到猶太族群的瘋子是其他人口的四倍，甚至六倍，著實令人好奇。」

他也主張很少婦女是天才。「我們自古便觀察到，儘管有成千上萬名女性投身音樂領域，比男性多出許多倍，卻沒有一名傑出的女性作曲家。」他不承認女性缺少機會，反而下結論，認為女性在性格上抗拒嘗試新事物。「女性經常妨礙進步。」

顯然，龍布羅梭不主張婦女有參政權，而且他的說法水準連連下降。他聲稱，天氣和海拔都會影響瘋狂和天才，還說國內要有丘陵地區，才會產出許多天才。「所有地勢平緩的國家，如比利時、荷蘭、埃及，都少有天才人物。」

為什麼龍布羅梭認為溫暖的山丘氣候會導致精神錯亂和天賦異稟？他認為，雖然精神錯亂是遺傳，但是溫帶地區盛行的疾病如瘧疾和痲瘋病，會催化精神錯亂。

包含這個說法在內，種種駭人聽聞的觀點在十九世紀末相當流行。約翰．尼斯貝特（John Nisbet）的《天才的狂顛》和龍布羅梭的書於同一年出版。這兩本書都指出，「一般人」比較優秀，天才**只是**某項技能（不論是藝術還是科學方面的技能）過度發展罷了，所以是一種缺陷。

由於這些書籍，十九世紀末的科學家及社會大眾認為天分是與生俱來的遺傳特徵，無法培養也無從加強（除非生病）。在此同時，天才跟精神錯亂和瘋狂，以負面的方式緊密結合。既然如此，我們怎麼會從這種創造力觀點，一路發展到今日崇拜天才的觀點呢？

「白蟻」的智商

天才從負面特徵轉變成正面特徵，是十九世紀末，在特曼家族位於印地安那州詹森郡的農場展開的。[23]這座農場在當地屬於大型農場，有六百四十英畝大。因為農場經營成功，特曼家族負擔得起最好、最昂貴的農具，也養得起為數眾多的牛、羊、雞隻和火雞。

老特曼是個收藏家，收集了土地、動物、書籍（特曼一家人的農場圖書館有近兩百本書）和小孩（他生了十四個小孩）。在所有後代子孫裡，兒子路易斯（Lewis Terman）對他來說尤其特別。

十歲的路易斯是他年紀最小的兒子，頂著一頭閃耀的紅髮，在眾兄弟間特別顯眼，而且他討厭運動和戶外活動，通常晚上會躲起來看書。

路易斯的好奇心無窮無盡，除了書本，他在詹森郡幾乎沒有其他發洩精力的管道。某天晚上，當推銷員上門兜售一本骨相學書籍時，路易斯深受吸引。

骨相學在十八世紀末首次引進歐洲，當時是專門研究腦部結構及其如何影響人類性格的「科學」。骨相學家建立理論，指出不同的頭腦部位對不同性格的影響，而且這些部位的大小代表該項特徵的強弱。骨相學家聲稱，用手觸摸某個人的頭骨，就能知道他是高成就人士，還是懶散、生產力低落的人。儘管這種理論常被拿來當作種族主義的基礎，當晚推銷員的說法比較像是用頭骨看命相。

路易斯被這名骨相學家招攬生意的誇大言詞給迷住了。那天晚上，推銷員在房裡四處穿梭，為每個家族成員測量頭骨，預測未來發展，用故事和示範，讓特曼一家目眩神迷。測量到路易斯的時候，推銷員告訴這個小男孩，他的前途無可限量——他注定會成功。這個挨家挨戶兜售的銷售員，在自己都不知道的情況下，啟動了一連串事件，改變這個世界對天才的看法。

路易斯．特曼那天晚上得到兩樣東西：自信，以及對個性差異的強烈興趣。他開始好奇有些人（例如他自己）為什麼注定成就卓著，其他人卻非如此。

他的人生似乎證實那名骨相學家的預言。他換了好幾間學校，跳了好幾級，令師長留下深刻印象。當他的同輩都忙著種田、照料牲畜，路易斯卻朝著不同的方向發展。因為有父母的財力支持，他可以繼續接受教育，念了印地安那大學，並錄取麻州克拉克大學的心理學博士學程。他的論文題目主要是評量「聰明和駑鈍兒童的身心能力」。

二十世紀初，社會上對聰明兒童抱持懷疑，甚至輕蔑的看法，這有部分源自十九世紀那些討論瘋狂天才的著作。人們面對高智商的人及天才，普遍看法是他們適應不良且充滿焦慮。特曼相信，經過檢測和研究，會得出相反的結論。

不久之後，他成為心理學這個新興領域的早期研究者之一。他在史丹佛大學找到工作，而他對智商的著迷程度只增不減。他在那裡得知世界上第一份智力測驗，由阿爾弗雷德．比奈（Alfred Binet）設計；這份智力測驗的目的是辨識有學習和發展障礙的學生。[24]特曼有不同的想法。如果用比奈測驗來評估天才，會怎麼樣呢？

特曼修改比奈測驗的內容以符合美國的狀況，也將測驗分數標準化，以一百作為測驗結果的中位數。他和史丹佛大學的一組團隊合作，將他的測驗版本命名為「史丹佛－比奈測驗」。特曼跟小時候遇見的骨相學家一樣，相信天才是遺傳，而且可以（實際上是必須）測量出來，好讓人類更進步。要培植與生俱來的才能，首先得知道誰有這種才能。

特曼相信每個人都應該接受智力測驗。一九一六年，他撰寫《智力評量》（*The Measurement of Intelligence*）一書，提供一份可讓讀者在家進行、不到一小時就能完成的智力測驗。[25]

這本書讓特曼成為知名學者。儘管他名氣很大，還是要等到一次世界大戰，美軍同意對一百七十萬名入伍軍人全面進行智力測驗，智力測驗才成為主流。這是智力測驗頭一次在美國被接受。

但是特曼的測驗也有黑暗的一面。他跟那個時代的許多學者一樣相信優生學：也就是藉著強迫節育、墮胎，或是對社會視為次要人口的族群做出更糟糕的事情，以「改善」人口品質。他想證明聰明的人適應良好，所以社會應該將大部分心力放在不聰明的人身上，而不是擁有聰明才智的人。為了達到那樣的目的，他贊成讓「低能者」節育，而悲慘的是，這種要求在美國北卡羅來納等州成為法條，導致當地依照智力測驗結果，強迫低分的人節育。[26]

特曼努力證明高智商者的優越性。在過程中，特曼決定追蹤一群兒童，瞭解他們的一生。他的理由是：擁有高智商的學生會度過怎樣的一生？他們會平凡度過，還是會有所成就？維多利亞時期那種神經質、瘋狂的天才形象是真的嗎？一九二一年，他透過測驗和老師的推薦，找來一群小天才，總共一五二一人。那群小天才的智力測驗結果是，智商超過一三五。[27]

這些學生後來有個代號，叫作「白蟻」（Termites），是用特曼（Terman）的名字諧音改成的。在他們接下來的人生（直至今日），每五到十年就要接受一次調查，評估人生發展情況。特曼的假設是，如果他能在高智商者年紀還小的時候，把他們找出來並開始追蹤他們的人生，很有可能發現兩件顯而易見的事。一，他們適應良好，不會感到焦慮；二，他們的人生成就極高。

事實上，這項研究發現完全不同的結果。雖然特曼**的確**發現天才適應良好（他們的酗酒、自殺、離婚率落在「正常」範圍），但另一項評估也平凡得驚奇：他們的成就。

沒錯，有幾名「白蟻」表現出色，但是沒有人取得突破性的成就、獲頒諾貝爾獎，或是成為家喻戶曉的人物。其實有兩位諾貝爾獎得主，小時候接受過特曼的測驗，當時**並未**達到天才的標準。

一九六八年特曼去世後，他的一名門生想要評估這些「白蟻」的職業生涯進行到一半時表現如何。

她拿一百名事業成就最高的「白蟻」，跟從事木匠、店員等藍領工作的人相比；在她眼中，這些藍領階級似乎過得跌跌撞撞。成就較低的人，智商是不是就比較低呢？

這兩個組別的智商差異並不明顯，主要的差別是來自後天教育的特質。成功的組別有比較多「信心、毅力，以及父母親早年給予的鼓勵」。[28]特曼對智商的假設大錯特錯，高智商**並未**讓人有較高的成就。

也就是說，他成功宣揚智商測驗的好處，的確證明一件事：高智商的人很正常，而且適應良好。特曼成功讓大家對天才改觀；天才成為一種正面的特質。

以下用簡短幾句話，來描述現今創意靈感理論的發展過程：創造力來自神祕的內在流程，中間穿插了隨機湧現的靈感。今天，我們還是經常認為天才很神經質——想想賈伯斯或伊隆．馬斯克（Elon Musk），但是我們不再覺得他們危險，也不覺得他們應該遭受嚴苛的批評。現在，大家認為天賦值得稱頌。可是，如果特曼的研究顯示智商和創造力之間並無關聯，創造才能從何而來呢？

第4章 什麼是才能？

給你三十秒，說說看吹風機有什麼罕見的用途，愈多愈好。

想出六種用途了嗎？還是更多？也許你想到可以用來吹走物體表面的灰塵。或許祖父母教你，吹風機可以將蛋糕上的糖霜變光滑。

這種問題，研究人員稱為**擴散性思考測驗**（divergent thinking test）。學者指出，擴散性思考和創造力有關，目標在於想出多種解決問題的辦法：你的思考方式愈是擴散，就愈有創造力。[1]研究人員相信，藉由檢視回答的數量與原創性，可以正確評估一個人的創造潛力。

奧地利的研究人員想要進一步瞭解智商和創造力之間的關係。[2]創造才能需要高智商嗎？如果是這樣，智商要多高才行？

為了調查，他們找來兩百九十七名研究參與者，其中有些是某大學的學生，有些則來自附近的社區。

首先，研究人員評估每一位參與者的智商，接下來要他們回答六個擴散性思考問題，來測量創造潛力。最後，請受過訓練的專門小組，從一分（非原創）到四分（原創性非常高），評估答案的原創性。

結果如何？

評量創造潛力的方法很多。其中一種是觀察人們想出多少點子。研究人員發現，智商和人們想出來的點子**數量**有強烈的關聯性——只是最高只到智商八十六為止（低於一百的平均智商）。超過智商八十六，這個關係就不成立。意思是，某個智商九十（低於平均）的人，可能跟某個智商一五〇的人（經過認證的「天才」）想出一樣多的點子。

這就是科學家口中的「臨界點理論」（threshold theory）——在某個智商臨界點之上，地球上每個人都有相同的創造潛力。[3]

智商八十六這個臨界點的意思是，大約智商前百分之八十的人（就智力測驗的分數而言），具有相同的創造潛力。這是人數相當多的一群人。

可是，假如創造力不等於某個人想出來的點子**數量**呢？

研究人員也檢視比這更嚴謹的創造潛力定義：一個人想出來的點子**品質**如何。

他們檢視點子的品質時，**再度**發現點子的品質也跟智商有關，但關聯性**依然**只到某個臨界點為止。這一次，智商超過一〇四的人不再呈現這種關聯性。

意思是，任何智商超過一〇四的人，想出原創點子的**潛力**，跟落在天才智商範圍的人沒兩樣。那也是人數眾多的一群人：占人口的百分之四十。如果你正在讀非小說類書籍，比如你手上的這一本，你就有可能屬於這個族群。以全世界人口比例來說，大概是三十億人。又一次，跟許多人視為偶像的天才菁英分子一樣，擁有相同創造潛力的人為數眾多。

要如何釋放那種後天的才能呢？

作畫十三年

一個人必須生來擁有超乎尋常的才華，才能成為傑出的藝術家嗎？還是可以透過練習及付出努力呢？從更廣泛的角度來問，藝術才華是不是與生俱來的？這是創意研究中的關鍵問題。

有個看似平凡的人——強納森．哈德斯提（Jonathan Hardesty）決心找出答案。

哈德斯提讓我想起我那愛聊天的叔叔，家庭聚會時他會跟每個人講話。他爽朗健談，蓄著古銅色的山羊鬍，戴著和鬍子相稱的眼鏡，我懷疑那是舊時代遺留下來的東西。他的臉讓人覺得眼熟，很像我們在餐廳碰到或在書店裡打過招呼的人。總之，哈德斯提看起來不像典型的畫家，不過他的作品可以賣到五位數，不但是當今最有才華的藝術家，也是桃李滿門的老師，幾乎在全世界都開過課。[4]

我們視訊通話時，我從網路攝影機的鏡頭看過他的工作室，最貼切的形容就是他家庭院裡的一間大型棚屋。不僅牆上掛著畫，家具上也放滿了作品。哈德斯提不只用這個空間作畫，也教授線上課程。

哈德斯提並非從小就想當畫家。除了八歲時短暫接觸過藝術，大學畢業之前，他從未拿起鉛筆或畫筆認真作畫。

二〇〇二年，剛從學校畢業、結婚沒多久的哈德斯提，在大學醫療中心的募款辦公室擔任助理，負責文件歸檔，協助捐款人方面的研究，做著枯燥乏味的簡單工作。聽他形容，這是標準的官僚辦公環境。「我走進去四處張望，大家都搶著要會議室剩下的最後一份油漬番茄貝果。」

他的上司對他不屑一顧，漠不關心。哈德斯提花在歸檔和整理文件的日子數也數不清，但第二天他還是必須將更多文件歸檔。最後，為了讓自己保持心智健全，他決定全心投入工作。如果他必須當一名助理，至少他可以努力成為最優秀的一個。

為了達到這個目標，他試著弄清楚他工作的大學有沒有可能改善辦公流程。將歸檔流程數位化，就有可能省下大量時間，能讓他的生活輕鬆許多，**也**可以幫大學省下一些錢。但是他的上司立刻阻止他。募款辦公室**沒有**進行數位轉型的打算。

哈德斯提環顧辦公室，發現他的同事都很悲慘，每個人似乎都憎恨自己的工作。那時他明白，他必須有所改變。「我感覺自己的靈魂正在死去。」哈德斯提告訴我。他決定用心安排自己的人生，找出完美的工作。什麼能讓他真正快樂起來？他不管文件歸檔工作了，用那天剩餘的時間，在記事本上隨意寫下各種想法。

哈德斯提知道自己必須把全副心力放在下一份工作。他有三分鐘熱度的壞毛病，他的精神和毅力很快就消磨殆盡。某個月，他想成為地質學家，把圖書館的地質書籍都搬空。下一個月，他放棄地質學，「一心一意」想取得飛行執照。有一陣子，他夢想成為音樂家，想像自己成為搖滾巨星，加入一個仿效「珍珠果醬」（Pearl Jam）的當地樂團。他的垃圾搖滾（Grunge）樂團小有名氣，但巡迴音樂表演的生活令他感到無聊。「我不喜歡。單調得很，一個星期有三、四晚做著一模一樣的事情。」

他努力發想不同的職業選項。什麼樣的工作能讓他待在家裡，留在太太和將來出生的孩子身邊？有沒有辦法避免在辦公室的環境中工作？他想要一個有創意的工作文化，而不是一個讓他想起監理所的文化。

哈德斯提反覆推敲各種選項，找到一個合適的職業：畫家！藝術家多半在家裡或工作室工作，然後把作品送到藝廊把作品賣掉。當個藝術家，他就能待在太太和未來出生的孩子身邊，遠離辦公室天花板的灰白色瓷磚。很完美。

唯一的問題是，他上一次試著作畫，要追溯到八歲的時候，而且他也不是在強調或重視藝術的家庭長大。

儘管如此，當天晚上他還是和自己立下一個約定：他要每天畫畫，直到成為傑出的畫家為止。

哈德斯提的第一幅畫是自畫像。畫作完成時，他很自豪，但也大吃一驚。畫中人物比較像電影《拿破崙炸藥》（*Napoleon Dynamite*）裡虛構的怪人，不像哈德斯提。儘管是一幅普普通通的自畫像，但創作過程讓他覺得很有趣。

為了得到真誠的意見回饋，他開始在藝術家留言網站 ConceptArt.org 張貼一系列文章。[5]這串文章的標題是〈純新手的旅程：繪畫與素描〉（Journey of an Absolute Rookie: Paintings and Sketches）。他在文章中寫道：「我從最初階開始，每天至少畫一幅畫或一張素描……週末也許畫兩幅。你在這裡看到的順序，就是我之後作畫或素描的順序……從二○○二年九月十五日起，每天一幅。我對所有人開誠布公。我會張貼所有作品……不管畫得好不好，都會張貼。」

哈德斯提希望獲得有用的意見回饋。不過對關心創意的人來說，他的貼文也記錄了一

強納森．哈德斯提的畫作掃描。© 版權所有 2002 年及 2007 年。
經強納森．哈德斯提許可重印。

個人為了學習新技能所付出的努力，非常了不起。接下來十三年，他持續張貼、更新這串文章，讓支持者追蹤他的最新進度，並上傳最新畫作。上方左邊是他最早在二〇〇二年畫的一幅畫，旁邊則是五年後的畫作。

不用說也知道，這些年下來，哈德斯提進步極多。但他是怎麼辦到的？有很多人把繪畫當成興趣，甚至畫了好幾十年，卻很少有人能夠達到他的技巧和成就。

他是怎麼變得這麼厲害的？

成爲專家

你用什麼方式學好一項新技能？

大部分人會說：「練習，練習，練習。」大家甚至聽過「一萬小時法則」（10,000-hour rule）這個有問題的概念（我們接下來會討論）。

不過，這些想法都不能提供令人滿意的答案。很多人長時間練習某項技能，卻跟世界級專家的水準天差地別。想想開車的例子。我們大部分人在方向盤後面花了好幾千個小時，成為美國全國運動汽車競賽協會（NASCAR）賽車手的人卻寥寥無幾。研究顯示，多年的經驗和技能之間通常沒什麼關聯。有一項研究在觀察經驗豐富的選股高手後發現，平均而言，他們在投資方面的表現並沒有比生手厲害。[6] 另一項研究發現，資深治療師的治療結果並沒有比剛入行的治療師好。[7]

結果顯示，和成功有關的**不只是**一個人花幾年**做**事情，累積所謂的「經驗」而已，還有其他因素在作用。

專門研究專業技術的人員決定從不同的角度檢視這個問題。如果針對特定技能，比較表現良好和表現差勁的人呢？這兩組人的訓練和學習方式，能找出什麼不同之處？

有一位研究人員比較優秀和表現尚可的短跑選手，發現這兩組人除了身體上的差異之外，還有**心理上**的差異。[8]

優秀的短跑選手，注意力放在「密切監控自己的內在狀態，而且比起表現較差的跑步選手，更用心規畫自己的比賽成績」。

另一項研究以優秀的西洋棋選手為評估對象，得出類似的結論：專家能運用層次較高的心智模式來處理關鍵的西洋棋棋形，所以比一般棋手下得好。[9]

這些模式，心理學家稱為「心智模式」（mental models），是概念或情境在腦中重現的樣子。例如談判對你來說是什麼、是怎樣的概念（雙方人馬、你來我往、試著找出解決之道），就是一種心智模式。

研究人員發現，心智模式在各種技能當中舉足輕重。其他研究已經在專業醫療人員、程式設計師及電動遊戲玩家身上，發現類似的高層心智模式。[10]

那麼，假如不光是經驗這麼單純，那要如何學到這些心智模式呢？

很多人會在這個時候搬出一個令人心安的答案：才華。他們會告訴你，有些人生來就有某些技能，是與生俱來，而非後天培養。與其努力嘗試，他們停下來放鬆自己，決定去看《美國達人秀》（*America's Got Talent*）的節目，相信那個會噴火的八歲孩子天生就會「這麼做」。

研究人員為了探討天賦的問題，決定訓練平凡人，看他們能不能做到超乎常人的事。舉個例子，請看下方的數字串，看你能記多少數字，愈多愈好。慢慢來，時間不趕。

3895850258250259050150185100994445151051058119581509819508109581059810958129

3567

等你自覺記得差不多了，請把目光移開，試著回想。

上面的數字串共有八十個數字。你記得幾個？

四個？十個？還是一個都記不起來？

我通常能記六個。研究人員發現一般大學生能記七個（只能記六個，感覺很糟）。如果你記得比七個多，給自己嘉獎一下吧。

做這個研究的時候，研究人員發現一件令人驚訝且看來不太可能的事。如果訓練一般大學生運用大家熟知的記憶技巧，他們最後可記住超過**八十位數**。這項研究重複進行過很多次。有一位研究人員總結記憶技巧的研究說：「近期論文並未發現任何經科學驗證的證據，證明有充足動機的健康成人在接受適當指導和訓練之後，無法就特定類型的記憶任務，達到超凡卓越的水準。」

大幅提升學生記憶技巧的不是天賦——也不是一萬個小時的練習（這是大家經常提起卻不正確的數字，我們後面會討論），而是他們的訓練**方式**。

一項以技巧高超的藝術家為對象的研究發現，大約一半的人是天才兒童，另一半則有「平凡的童年，在成年初期前，都沒有人認為他們特別優秀」。[11]或許，我們不必是天才，也能在創意領域表現傑出。我們只需要接受和這些人一樣的訓練。

南達科他州：藝術家的天堂

在強納森．哈德斯提成為繪畫大師的歷程中，他來到一個不因循守舊的地方：南達科他州。

哈德斯提在網路上得到很多讚賞。有一個使用者名稱為 Gekitsu 的人這麼說（他的文法顯然很棒）：「我覺得他在把我們全部打得落花流水前不會停止練習我真希望自己能有那樣的幹勁。」

哈德斯提自己每天都會畫圖或作畫，儘管一開始就大有斬獲，但哈德斯提後來的進度停滯了。自我懷疑開始滲入他的論壇文章。二〇〇三年五月，他在網路上貼文：「我對自己的能力不足，挫折感很深……我想放棄……別擔心，我不會的……但我今晚真的很想放棄……我沒有辦法讓任何東西具象化……我不能控制鉛筆和筆……唉……我要去睡了。」

他需要新的學習方式，但要怎麼做呢？

他在網路上偶然發現一種訓練運動，叫「工作室運動」（atelier movement）。這種訓練源自文藝復興之前的時代，那時藝術家被視為工匠，在工作坊學習藝術。[12]當時的繪畫大師會在工作室收少數幾名學徒，訓練他們完美複製大師的畫作。

義大利文藝復興時期，隨著有錢的贊助人開始資助個別藝術家和優秀學者，這個模式變得沒那麼流行。不過，十九世紀一位名叫尚－雷昂．傑洛姆（Jean-Léon Gérôme）的法國藝術家，重啟工作坊（法文為 atelier）模式，開始在自己的工作室訓練學生。他教過的畫家為數眾多，許多人繼續作畫，成就斐然。

這個現代版的工作室，開設為期四年的全天候研修課程。在研修過程中，學生每天花數小時畫超寫實素描，題材包括雕像、一套經典畫作（稱為「巴爾格素描」〔Bargue drawings〕），以及人體模特兒。最後，再加入黑白畫。只有課程最後一年，才會開始練習色彩的基本功。在這四年間，學生會花好幾千個小時，慢慢把繪畫基礎練得非常扎實。

哈德斯提讀到這個工作坊模式的資料，讀得愈多就愈感興趣。他相信這套課程能讓他學會傑出畫作的基本要點。他忙著上網到處搜尋，閱讀美國各種工作室的資料。最後，他找到一間似乎相當理想的工作室，有受人尊敬的老師和招生名額。只是有個問題：工作室位在南達科他州的蘇瀑市。

他問太太願不願意搬到那裡去住。她說好，但她的家人對這件事有疑慮。他們擔心女婿會徒勞無功，而且他們不是唯一這麼想的人。他的網路討論串裡有一群人留言，認為這是騙局，警告他不要陷進去。

儘管如此，哈德斯提還是放下一切，和太太驅車前往南達科他州。身為南達科他州一名沒錢賺的藝術家，剛開始的興奮之情，很快就在面臨生活上的嚴峻現實時消失殆盡。他在一間叫「麵包匠」的當地烘焙坊找到工作，從早上五點鐘開始，每天工作八小時。工作結束後，再到工作室，一直畫到晚上九點，接著睡覺，隔天重複一樣的日子。

他們不只時間不夠，錢也不夠。有時候帳單來了，哈德斯提和太太會面臨現金短缺的窘境。哈德斯提記得，有一次他們只剩下幾塊錢。

他們盡可能在當地雜貨店購買最便宜的食物。澱粉類食物吃膩了，他們想找有蛋白質的東西。他在超級市場匆促來回尋找，突然發現一包扁豆，蛋白質豐富，而且不貴——三十九美分一包；對窮困的夫妻來說，是很理想的食物。

接下來三週，他們都靠扁豆和麵包過活，直到存下一點錢為止。哈德斯提把一輩子該吃的扁豆都吃光了，至今都不再碰。

儘管如此，這段在南達科他州東拼西湊的時光，促成他的轉變。改變哈德斯提的，是什麼樣的訓練方式呢？

目標明確

大家也許聽過「一萬小時法則」。麥爾坎．葛拉威爾（Malcolm Gladwell）在二〇〇八年的暢銷書籍《異數》（*Outliers*）發明了這個名稱。自從這本書出版後，「練習一萬小時，任何人都能成為專家」的概念，在商業及自我成長領域成了知名的口號。Google 顯示，現在有十四萬個網站提到這句話。

這個法則源自安德斯．艾瑞克森（K. Anders Ericsson）的研究，他是在佛羅里達州立大學任教的瑞典裔教授，是技能發展研究的鼻祖。[13] 不過，艾瑞克森提出一個問題：這項法則並非絕對正確，又或者，如他告訴我的：「葛拉威爾對我們的論文有所誤解。」一萬小時法則有兩個主要的缺失。首先，它忘了說，重點不只在於花多少時間，**怎麼**運用這些時間也相當重要。我在前面提過，經驗豐富的治療師和選股高手，表現未必會比生手好。

原因在於，大部分的人一旦在某項技能上達到尚可的程度，就不會再繼續求取進步。想想開車。在每天通勤來往兩地時，你不會想辦法改善轉彎或加速的技巧。你安於目前的技術水準。剛開始開車時，大家對操作車輛的各方面都很留意（我希望如此）：怎麼正確轉彎、放慢速度、不要撞到前面的車輛，以及路邊停車（我到現在仍避免做這件事）。當你練習這些技巧，慢慢地會愈來愈嫻熟，也許你根本沒發現。可是隨著時間過去，這些技巧深深烙印在腦中，進入你的潛意識。開車變成一種自動化活動。

結果，開了好幾千個小時的車子之後，你**停止**學習更深入的技巧。如果一萬小時法則成立，每個有駕駛執照的人最後都應該發展出賽車選手的技術。可是我猜，就算你花了一萬個小時在開車上，仍舊是一名普通的駕駛人。艾瑞克森解釋過原因。「自動化是發展專業技能的敵人。」他說：「如果你最後採取自動化的做事方式，你就失去真正掌控這件事的能力。」不能掌控，就無法更上層樓。

艾瑞克森的研究顯示，我們不能只是花一萬個小時一遍又一遍做某件事情，而是要積極從事**有目標的練習**。這是一種特殊的練習方法。你要帶著明確的目標，在能夠獲得意見回饋的機制下，反覆練習某個小技巧。回想一下跟駕駛教練一同練習路邊停車的過程。意見回饋通常來自老師或有經驗的指導者。熟悉小技巧之後，再進一步學習較困難的技巧。

艾瑞克森在一項研究中檢視專業小提琴家，證明帶著目標練習具有力量。[14]他發現，所有小提琴家每星期花在練習上的時間大致相同，但是最優秀的小提琴家，**帶著目標**練習的時間比較多。光是一萬個小時並**不會**產生比較好的表現。艾瑞克森告訴我一個例子，講的是學小提琴的人怎麼用這種較有效的方法練習。老師會聽學生演奏，從中挑出錯誤，可能是拉得太快，可能是拉得太慢。然後，老師會特別要求學生專心練習正確的速度。學生會一遍一遍地練習，等老師同意他們練好了，才會繼續學習更困難的技巧。

這個方法不只適用於學習音樂。研究發現，在西洋棋選手身上也可看到類似的結果：花多少時間有目標地練習，是「預測西洋棋技術優劣的最佳因素」，而不是下了幾盤棋。不帶目標地練習，單單重複自己已經知道怎麼做的事情，只會強化已經存在的心智處理過程。帶著目標練習，則會讓學生獲得新的心智技術，提升能力。

一萬小時法則第二個嚴重的缺失是，艾瑞克森的研究**並未**發現，花一萬個小時**有目標地**練習，就會讓你成為專家。這項研究的發現是，一萬個小時有目標地練習，是他研究的專家花在練習上的**平均**時間。有些人達成目標的時數大幅低於這個數字，有些人則花較多的時間。艾瑞克森向我說明：「認為身體或體內細胞會記錄你的練習時數，以及存在某個一萬小時的神奇時鐘，真是奇怪的信念。」

艾瑞克森反而相信，熟悉一件事所需的時數因人而異、因事而異。例如，要熟悉較少人做的事情，成為專家要花的時間應該較少。還記得那個記數字的研究嗎？跟小提琴或西洋棋不一樣的是，想成為世界級數字記憶家的人少多了，所以艾瑞克森告訴我，人們在接受研究人員的訓練後，「基本上能夠在四百個小時左右的時間內，成為全世界最厲害的人。」只有一萬小時的百分之四而已。艾瑞克森剛開始研究數字記憶時，只要用一年的時間，每個週末都練習，你就能記得超過八十位數，成為世界冠軍。現在情況不一樣了，依照目前的位數紀錄，你必須要記超過四百五十位數才行——要達到這個成績，花的時間會多很多。

另一方面，在某些熱門領域，可能需要比一萬小時**更多**的時間。艾瑞克森向我解釋，你去看看贏得世界鋼琴大賽冠軍的人，他們通常要花大約兩萬五千個小時，才能達到那樣的演奏水準。

簡單來說，熟悉技巧要花很多、很多、很多時間進行有目標的練習，具體時數則各有不同。可惜的是，精通技巧的現象研究起來很困難，因為多數專家都不會費心將自己的練習方法記錄下來。

強納森・哈德斯提不知不覺中，偶然成為少數有紀錄的公開範例，讓我們見識到某個人帶著目標大量練習的過程。在工作室裡，學生大約會花六千個小時有目標地練習四年。整體而言，哈德斯提估計，在正式和非正式的訓練當中，他扎扎實實有目標地練習超過兩萬五千個小時。正因如此，他原本只能畫出像《拿破崙炸藥》人物的自畫像，而今的創作卻會令任何學藝術的人充滿欽羨之情。

直到現在，哈德斯提都繼續採用這種有目標的練習方法。縱使他現在已是大師，**仍然**精益求精。他解釋：「我的作品還是有很多缺點。我還是跟剛開始學畫時一樣努力。」

他最近在練習「筆刷效能」。畫的人必須小心控制筆刷接觸畫布的壓力，盡可能用最少的筆觸來達到繪畫效果。為了提升這項技巧，哈德斯提發展出一種帶著目標練習的方法。他說：「每次上完課，如果有剩餘的顏料，我就會在畫布的一角畫上一筆，然後試著畫出一模一樣的筆觸，並複製隨性的感覺。要這麼做，顏料量必須拿捏正確，畫筆壓力要用對，就像醫生在動手術一般。」

現在，哈德斯提開了自己的線上工作室，名叫「古典藝術線上」（Classical Art Online）；他用這個方法教導沒辦法或不想搬到南達科他州住四年的人。[15]

他還把自己對學習的熱忱，運用到一項新的技能上。現在哈德斯提空閒時，會待在一間不同類型的工作室——柔道場。

其實哈德斯提已經愛上學習的過程，「再次處於最低階的位置，從頭學起，實在很好玩。」

他的新目標呢？在膝蓋壞掉前，打一場綜合格鬥賽。

這一次，又有一些人質疑他。哈德斯提帶著微笑告訴我：「我太太還是會笑我。她現在會說：『你沒在打。』而我會說：『是啊，親愛的。』」

我們的訪談要結束時，他提到他即將參加第一場道場的內部賽。我一點都不懷疑，他很快就會參加綜合格鬥賽。

可塑性

問題還沒解決：為什麼帶有目標地練習有效呢？為了回答這個問題，我找上一個意想不到的幫手：計程車司機。

梭羅是一名倫敦計程車司機，開著名聞遐邇的黑色拱頂計程車（這是優步出現之前的事）。[16] 他一整天在倫敦的街道中穿梭，載客人到他們想去的地方。有些地方經常有人去（如機場），有些則是他沒到過的地方（如客人媽媽住的偏僻社區），因此梭羅和大多數倫敦計程車司機一樣，培養出厲害的找路能力。

有一天，梭羅在報紙上看見一則廣告，邀請計程車司機參與一項神經學研究。他撥了這支電話。

沒多久，梭羅出現在倫敦大學學院的研究員辦公室。他們的計畫是掃描計程車司機的腦部，看看長年駕駛計程車，是否會讓駕駛人的腦部產生重大改變。

梭羅和另外十八名計程車司機同意參與這項研究，接受一系列的試驗，並回答關於個人信仰、價值觀和個人歷史的問題。

研究人員透過核磁共振造影機，觀察人的腦部構造。研究人員用核磁共振造影技術掃描計程車司機的腦部時，有出乎意料的發現。他們腦中的海馬迴後端有變大的傾向。這是理解我們身在何處以及如何找到方向的關鍵腦部區塊。舉例來說，當我們用大樹或紀念碑等地標來弄清楚怎麼回家，這個區塊會很活躍。

簡單來說，計程車司機的腦部構造方式，讓他們在倫敦四處穿梭自如。這就導出一個顯而易見的問題：是梭羅的大腦天生如此，讓他決定投身計程車司機這個行業？還是當計程車司機，不知怎麼改變了梭羅的腦部構造？

為了回答這個問題，研究人員將計程車司機的腦部與另一組成天在倫敦開車的職人對照：巴士駕駛。

他們發現，在控制其他變因的情況下，巴士駕駛**沒有**海馬迴變大的相同情況。為什麼？因為巴士駕駛每一天都重複相同的路線，而計程車司機則是經常開到不同（有時是不熟悉）的目的地。簡單來說，計程車司機在進行某種有目標的練習，這種練習跟找方向有關。客人給他們指示，他們必須弄清楚要如何抵達各個目的地（這在衛星導航盛行之前），然後他們會因為做得好不好、對不對，得到正面或負面的意見回饋。

看樣子，這種有目標的練習會隨著時間，實際改變計程車司機的腦部構造。

還有一項證據支持這個結論。針對不同年資的計程車司機進行的試驗顯示，海馬迴後端變大與否，取決於計程車司機入行幾年。計程車司機在倫敦街道上找方向的經驗愈多，海馬迴就愈大。

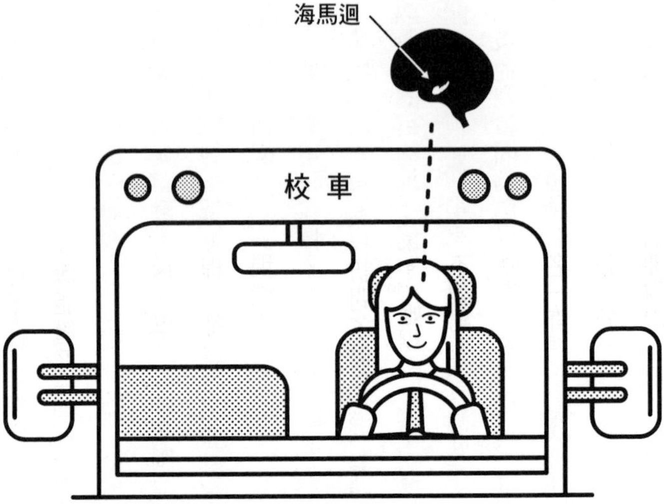
海馬迴
校 車

海馬迴
計程車

類似的關聯性，也出現在其他技能。研究顯示，音樂家、雙語人士，甚至慢跑者，隨著時間過去，都在練習及學得愈來愈多的過程中，經歷腦部構造的改變。[17]

我們的腦部生理機能隨著情況和經驗而改變，就是所謂的**大腦可塑性**（brain plasticity）。

即使訓練時間不長，也會有影響腦部構造的現象。一項研究發現，即使是像短期字彙課這樣簡單的訓練課程，都會產生影響。[18]另一項研究發現，十堂六十分鐘的老人電腦培訓課程，對腦部的表現產生可觀的影響，而且延續了**十年**。[19]

是怎麼影響的呢？

為了弄清楚，我訪問了喬伊絲．夏弗（Joyce Shaffer）。她是華盛頓大學的科學家，也是腦部可塑性專家。[20]她相信其中一個基本機制是神經生成——持續產生新腦細胞的過程。一項研究指出，不論男女每天都會製造一千四百個新的腦細胞。[21]

新的腦細胞一旦產生，需要八週的時間成熟。在這段時間，它們會轉移到腦中最活躍的區塊。如果你是一名一直在倫敦找方向的計程車司機，這些新的腦細胞會加入大腦中掌控尋找方向能力的部分。於是，你的大腦開始適應你正在學習的技能。就像夏弗形容的，「你可以左右那個腦細胞選擇什麼職業。」

進一步說，如果你不用新的經驗來挑戰這些細胞，它們就有相繼死去的風險。

換句話說，**學習**讓大腦留住新的腦細胞。這些跟腦中特定區域相關的新細胞會因此活化。夏弗表示：「我們可以改善大腦的化學作用、構造和表現，而我們完全低估這些改變的幅度。」

研究人員在控制其他變因的情況下，通常會發現，在特定領域成為專家的人，小時候**並未**展現任何特殊能力，反而發生下列兩種狀況的其中一種。首先，小孩可能會從別的活動學到某項技能。例如，如果你教五歲的兒子怎麼打壘球，他在七歲前會有較多的跑步經驗，父母很可能誤以為兒子有賽跑的天分。

其次，大部分父母會告訴孩子，說他們對某件事特別在行，即使孩子只是表現平平，他們也會這麼說，這是人之常情。這麼做會產生正面的回饋循環，孩子也會在那項特定的技能投入更多時間，伴隨著獲得更多正面的回饋。兩相結合之下，多年後便可能造就某種優秀的能力。

另一項研究證明，深入瞭解這些人的背景，我們發現「優秀運動員及其他專業表演者和同年齡的人相比，有不同的發展歷史。優秀表演者很小就在監督下接受訓練，接觸頂尖的老師和訓練環境」。

總之，研究顯示，擁有超凡卓越的才華，不見得是因為中了基因樂透，而是進行大量有條理、有目標的練習。雖然路易斯・特曼讓智力測驗普及化，形成天賦的概念，但在那之後的研究顯示，不管背景如何，人們擁有的創造潛力都比自己知道的還要多，而且無論是智商一般還是高智商，智力跟創造潛力沒有關聯性。

如果科學告訴我們，創意「天賦」是學習得來的技能，而且有目標的練習能大幅提升能力，我們可以帶著目標練習，讓自己更有創意嗎？

答案是肯定的。想要瞭解怎麼做，必須先瞭解社會是如何決定某件事情「有創意」，或者某個人是「天才」。

第5章 什麼是天才？

查爾斯．達爾文慌了。[1]這位上了年紀、富有的博物學家，重讀了一位年輕科學家寫給他的信，他知道這個名叫阿爾弗雷德．華萊士（Alfred Wallace）的人出身寒微，在英格蘭南部務農為主的赫特福德郡讀過只有一間教室的學校，受了六年的正式教育。

達爾文在二十二歲開始鑽研科學時，是一位「出身高貴的博物學家」。他的父親是醫生，祖父寫出生物學領域的早期著作《動物法則》（*Zoonomia*）。他家庭富裕且受過良好教育。達爾文隨後也取得大學學位；接觸過思想較先進的知識分子對他來說很有幫助，這些知識分子當中，有不少人質疑十九世紀僵化的科學教條。

但我們會發現，華萊士此時占據上風。

大學畢業後，達爾文的教授推薦他登上航向南美洲的小獵犬號，擔任隨船博物學家。極度渴望展開冒險的達爾文便提出申請，也獲得這份工作。

接下來五年，他隨著小獵犬號環遊世界。[2] 那段日子，他花了很多時間持續撰寫一份詳盡的日誌。航行期間，他每幾個星期或幾個月會上岸，探索美麗的南美洲荒地。

航行途中，達爾文來到加拉巴哥群島。看到嘲鶇族群間有著不一樣的特徵，他恍然明白是這些小鳥棲息的島嶼令牠們產生差異。傳說中，達爾文是在思索這些小鳥特徵時忽然靈光乍現，想出物競天擇的理論！至少我在八年級自然課上是這麼學的，跟好幾世代的國中生一樣。

可是，達爾文其實只注意到嘲鶇有不同的特徵。他的反應止於驚訝，關於差異存在的原因，並沒有靈光乍現的時刻，也沒有戲劇化的天啟事件。還要好幾年，他才發展出物競天擇的概念。

達爾文回到英格蘭以後，努力把航行日誌寫成一本書，書名就叫《小獵犬號航海記》（*The Voyage of the Beagle*）。這本書在一八三九年出版，達爾文因此成為名聞遐邇的科學家，相當於十九世紀的奈爾．德葛拉司．泰森（Neil deGrasse Tyson，譯註：美國當代廣受歡迎的知名天文學家）。大眾對達爾文收集的標本燃起一股熱切的興趣，而他用冒險故事娛樂讀者，名氣也持續增長。

一直要到一八四二年，達爾文才漸漸拼湊出物競天擇的理論。他研究標本好幾年，終於得出革命性的結論。問題只有一個。當時，達爾文在科學機構裡地位崇高，同時是雅典娜神廟俱樂部（很多人搶著進去的私人社團）和皇家學會（菁英分子參加的科學協會）的成員。儘管天生反骨，他還是享受科學聲望帶來的名聲和財富。他知道，如果發表最近得到的理論，就會被貼上異端的標籤，或者更糟，被人逐出社團。那個時代，科學的用途是服務上帝。演化理論等於是告訴大家，上帝不是在剎那間創造出地球上的生物。

幾年下來，達爾文小心謹慎地將這個理論說給少數幾個朋友聽，但他始終對外三緘其口。一八五〇年代，朋友鼓勵達爾文公開發表他的理論。此時，達爾文健康狀況不佳，在鄉間的屋子自我放逐，將時間和所剩不多的精力用來寫作。

一八五八年六月十八日，華萊士寫了九頁的信件寄到他的手中。[3]

華萊士的第一份職業是調查員，學會記錄細節的方法。一八四八年，他丟了工作，決定以不支薪博物學家的身分前往巴西。

華萊士回來後，公開發表他的發現，科學界有一小群人擁護他。[4] 小有名氣為華萊士帶來資金贊助，得以展開時間更長、規模更大的考察探險：在菲律賓和印尼的島嶼遊歷了八年。

在這趟旅程中，他得到一個結論，某些物種數量暴增會導致過度擁擠，適應的物種則能生存下來——這是物競天擇的基礎。這個概念令他興奮，但他知道他還需要其他科學家的意見。

華萊士和達爾文在專業領域上有所往來。他們通信通了好幾年，華萊士甚至把自己的一些標本寄給達爾文。他決定在信中把他對物種起源的想法告訴達爾文。因為達爾文比他名氣大多了，華萊士認為達爾文可能會提供寶貴的看法。

當這封信出現在達爾文的信箱裡，這位較年長的科學家已經為物競天擇的著作寫了二十五萬字。這本書還未完成；他希望掌握豐富的證據，令人無法反駁書中的論點。但達爾文一打開華萊士的信件，立刻明白他偉大的發現受到威脅。他考慮到自己的聲望，但又不想違背維多利亞時代的禮節規範，於是將自己的著作和華萊士的信件寄給傑出的科學界朋友，問他們該怎麼做。

他們想出一個「折衷辦法」，就是由他們在聲譽卓著的社團林奈學會，發表一篇討論物競天擇的文章，將達爾文和華萊士的想法結合在一起。問題是，華萊士不曾同意這樣的「折衷辦法」。他身在太平洋的某個地方，沒人聯絡得到他。

達爾文和華萊士經歷了學界所謂「同時發明」（simultaneous invention）的現象。[5] 在這種情況中，有兩個以上的人獨自得到極為相似的發現或結論。歷史上充滿同時發明的例子。約瑟夫・斯旺（Joseph Swan）和湯瑪斯・愛迪生都在一八八〇年獲得白熾燈泡的美國專利。艾萊沙・格雷（Elisha Gray）和亞歷山大・格拉漢姆・貝爾（Alexander Graham Bell）在同一天，也就是一八七六年三月七日，雙雙獲得電話專利。

就物競天擇的例子來說，情節甚至來得更加複雜。華萊士與達爾文在同樣時間發現這件事情，此外，古希臘哲學家在好幾千年前就描述過類似的情形。出生於西元前九九年的詩人暨哲學家盧克萊修（Lucretius，在傳說中，他死於一種據說是「愛情魔藥」的藥劑所引起的副作用）寫過許多首詩，描述適者生存這個物競天擇的關鍵要素：

而怪獸死後的年代，
必有許多牲畜
無力繁衍後代，招致滅絕。
凡汝所見吐納生命氣息之生物，
自幼即以如此樣貌，始終存活，
因其狡詐，因其勇猛，或至少
奔跑飛翔速度快
而許多牲畜依然存在，
乃因人類可用……[6]

這就表示，希臘人幾乎早達爾文和華萊士兩千年想出物競天擇的初步理論，達爾文甚至在著作的前言承認這一點。「將這個原理視為現代的發現，偏離事實甚遠。我可以舉出幾篇確認這個原理非常重要的上古著作……幾位羅馬時代的古典作家，已經立下明確的規則。」[7]

歷史上，同時發明的事蹟屢見不鮮，但就如通常的情況，只有一位物競天擇的創造者得到了天才的稱號。

塑造天才

達爾文去世時受到國葬的禮遇，下葬在西敏寺。華萊士去世後，人們用一塊小石碑紀念他，地點也在西敏寺。雖然他們都是物競天擇理論的發現者，卻沒有多少人記得他。英國自然歷史博物館最近為了替華萊士建造雕像，募款募得很辛苦，但每個上學的孩子都對達爾文的名字朗朗上口。達爾文究竟做了什麼，讓大家認同他是一名天才？

一部分原因在於，華萊士**沒有**做過什麼。當達爾文急著完成著作時，華萊士仍繼續探索島嶼。達爾文於一八五九年出版著作，三年後華萊士才從海上歸來。這本著作吸引社會大眾的注意，開始鞏固達爾文的聲望。

華萊士回來後，把大部分時間和心力放在「帶有進步主義色彩的政策」。他是活躍的女性主義者，而且大力反對優生學。可惜他因此在科學機構中失去地位，而且有些科學家將他視為外人。

除此之外，華萊士唯達爾文馬首是瞻，事後來看，似乎相當荒謬。華萊士在撰寫物競天擇主題的書籍時，甚至將對手的名字放進書名，取作《達爾文主義：物競天擇理論闡述及其應用》（*Darwinism: An Exposition of the Theory of Natural Selection with Some of Its Applications*）。一位研究達爾文的歷史學家後來在訪談中解釋：「儘管只是次要參與者，他還是很高興能被視為這項偉大發現的一分子。這似乎比他期望的還要多，他對此感到滿足，非常高興。」[8]

儘管如此，在我們瞭解創造力的過程中，達爾文和華萊士的故事足以說明一個關鍵。或許你會感到意外，天才絕對不是一個客觀的稱號。某個人要在他人眼中成為有創造力的天才，他們創造的新事物必須得到大眾的認可。小說家寫出饒富興味的小說卻沒辦法出版，就不會留名青史。不宣傳自己的謙虛科學家，不論男女，很快就會遭人遺忘。

事實是，當人們談論創造力時，指的是大眾普遍採納或接受的創意產物（想想賈伯斯或畢卡索）。這當然跟想出新穎點子的能力無關。

換句稍微不同的話說，一個人的作品要有其他人的認可，才會獲得**有創意**的標籤，而且要有更多人的認可，這個人才會得到**創意天才**的稱號。

結果，有創造力的天才成為一起社會現象，而非單純反映某個人多有創意、多有遠見或多有影響力。

山上

我十幾歲時住在羅馬的賈尼科洛山上，俯瞰米開朗基羅的宏偉圓頂。此時，我那厲害的業餘藝術歷史學家父親，一定會為我指出周遭有哪些創作是文藝復興時期結出的纍纍果實。我相信他，但我必須坦白，那些偉大作品基本上並未令我留下深刻的印象。有些作品的確帶來奇異的寧靜感；有些散發強烈的力量，或是無法定義的興奮感。但創意呢？西方藝術的偉大突破，在我看來都一樣陳舊；將它們看作創新事物，似乎是愚蠢的慣例。[9]

上面這段話，說不定反映了我們曾在某一刻都有過的感受，而且可能現在還是這麼覺得。也許，小時候你曾經被爸爸媽媽拉到美術館，讀國中時參加過有著遠大目標的校外教學。你站在一幅畫作前，感到困惑，為什麼這幅畫會收藏在美術館裡？看起來沒什麼了不起。又或者，你看到一件抽象藝術品，心想：「我也做得出來。」

寫出上面那段話的人是米哈伊．齊克森米哈伊（Mihaly Csikszentmihalyi）教授。他以暢銷書《快樂，從心開始》（*Flow*）聞名，這本書讓「進入心流狀態」（getting into the flow）的概念廣受歡迎。[10]而他在TED針對這個主題的演講，至今已突破四百萬的觀賞人次。對於想瞭解創意史的人，他為事物如何得到「創意」的標籤提供完整度無人能出其右的說明。

齊克森米哈伊的外表猶如飽經風霜的聖誕老人，但他散發的不是歡樂的氣氛，而是令人安心、禪定般的特質。[11]他很有可能是聖誕老人的教授遠親。我訪問他時，他為我解說創造力的社會現象有哪些關鍵要素。

他寫道，創造力難以辨別，這頗令人意外。他舉例說：「一只不常見的非洲面具可能會被視為創意天才的產物，等到我們發現，這樣的面具好幾世紀來都雕得一模一樣，就不是這麼回事了。」

事物是怎麼認證為有創意？齊克森米哈伊說，得三個要素齊聚，才會獲得這個封號。

第一個要素：主要內容

首先是齊克森米哈伊所謂的「領域」（domain），或是我所謂的「主要內容」。在大多數的藝術表現形式中，這些就是規範、作法，以及被視為標準的既有創意產物。舉個例子，如果我們談的是「天主教」，齊克森米哈伊告訴我，主要內容包括「《新約》、《舊約》和早期教父的重大貢獻。」除此之外，還有「天主教徒和基督教徒為了得救，必須遵循的義務」。

或是想一想古典音樂的作曲。此時，主要內容包括：音符本身、過去成功的交響曲範例，以及作曲標準。任何「有創造力」的古典作曲家，都要熟悉以上各點。要創造某樣新穎的東西，必須知道已經有什麼東西存在。

對於想要被認可為有創造力的人來說，這顯然會是個挑戰。首先，他們必須學習技藝中的標準和規範（我會在後面的章節說明要如何辦到這點）。其次，他們的作品必須藉由某種方法，成為正規主要內容的一部分。假如你是一位畫家，你必須擠進有聲望的藝廊、博物館、教科書裡，否則你的作品就不太有機會獲得有創造力的認可，在大家眼中只會是「新穎」或「具實驗性質」的作品。

時機也非常重要。兩幅不同時代創作的畫，可能產生截然不同的結果。假如安迪・沃荷是在義大利文藝復興時代創作他的流行藝術畫，他可能會被貼上異端的標籤。假如達文西是在流行藝術的時代創作他的古典畫作，則可能被認為是在創作陳舊（但有精準技巧）的藝術作品，有趣是有趣，但很難稱得上「有創意」、具革命性，因為那種藝術創作模式早在幾百年前就打破了。要讓作品和自己得到**有創造力**的稱號，時機不可或缺。在接下來幾個章節，我會說明要怎麼學會運用趨勢的時間點，讓它變得對你有利。

徹底瞭解主要內容，任何人都能認識藝術表現方法中的常見基準。但你要怎麼讓作品成為主要內容的**一部分**呢？

第二個要素：把關者

那些決定某種創意類型的主要內容要素的人，齊克森米哈伊稱為「學門」（field），我則是用**把關者**這個名稱。這些把關者負責決定什麼有創意、有價值，什麼沒有。在藝術圈，把關者包括藝廊老闆、藝術評論家、博物館館長。在流行音樂界，他們是經紀人、製作人、唱片公司高層主管。對餐廳來說，則是美食評論家、其他廚師，還有顧客，因為現在有 Yelp 之類的應用程式。

如果你是從來沒有博得把關者注意的畫家，很不幸，你只是另一個想要大展拳腳的人，不是有創造力的天才。無論如何，把關者會決定什麼有價值、什麼能得到有創造力的封號。

因此對創意人士來說，把關者有關卡的臭名。齊克森米哈伊向我解釋，業界把關者通常不會想「將有創造力的名號賜給」新人。例如在新創公司的世界裡，創業投資家可能會決定，已經有太多優步或來福車（Lyft）的複製品了，因而拒絕提供資金給新的共乘服務公司。就算缺乏經驗的公司有潛力，足以成為優步的強競對手，也有可能無法募得足以競爭的資金。

如果不能吸引把關者的注意，你很可能「有原創性」且「技術高超」，卻要面對不被視為「有創造力」的事實。齊克森米哈伊指出在古代，畫家的地位會因為國王和教皇的一時興起而受影響。今日，把關者的人數會多出許多，因為網際網路創造出一群比較民主、資格比較寬鬆的把關者。想想言情小說的世界吧。

克莉絲汀．艾許利（Kristen Ashley）是自助出版界的天后。至今，她出版了五十七本書，銷量超過兩百五十萬冊，是全世界數一數二多產的言情小說家，而且她是藉由電子書讓這類書籍轉型的典範人物。

傳統上，言情小說一直有自己的一群把關者，如傳統出版社，不會讓特定類型的書籍有機會見到天日。當然，這會拖慢新作家和新主題的發展速度。不過，二〇〇七年，亞馬遜推出 Kindle 直接出版服務（Kindle Direct Publishing）。這個方案讓作家更容易自費出版，而且每賣一本，亞馬遜就會付給作家百分之七十的版稅。

言情小說類的出版生態幾乎在一夕之間徹底改變。任何作家現在都可以進行虛擬配銷。截至二〇一三年為止，言情小說的銷售量有百分之六十一來自電子書。這個市場已然電子化了。

這表示，像克莉絲汀．艾許利這樣的作家（他們很多都有被傳統把關者冷眼相待的經驗），終於可以讓自己的聲音被聽見。突然間，言情小說底下的新類別如雨後春筍般冒出頭來，如獵奇、女同志、跨性別言情小說。克莉絲汀．艾許利向我解釋：「由於獨立出版現在很風行，這些人也會說出自己的故事。在這些書籍的影響下，女性得到的權力愈來愈多。」

儘管網際網路改變了把關者的形態，培植創造力還有一項基本要素，就是經濟繁榮。如果消費者缺少自行支配的時間和收入，就沒有辦法花時間參觀藝廊，或購買書籍、唱片。大學和研究團隊要爭取補助才能進行新的研究計畫。音樂家需要願意付錢聽音樂和演唱會的觀眾。一個國家的物質財富和國人經濟信心，是讓創造力成為可能的潛藏因素。

所以，只要是經濟成長的時期，創造力就會蓬勃發展。隨著麥第奇等富有家族得勢，義大利文藝復興時期既是義大利經濟的黃金時代，也是藝術的黃金年代，繁盛程度兩者不相上下。不光是皇室、教會花得起錢，委託製作新興藝術品，連做生意的人及商人手頭也寬裕起來。

第三個要素：個人

創造力的第三個基本要素是**個人**。雖然討論創造力的文獻資料大都將重點放在個人身上，但是沒有人是過著與世隔絕的生活。不管是從事什麼創作，創作者首先需要的，就是居住在經濟狀況能支撐他們這麼做的地方。其次，他們需要知道如何擬出符合時代思潮的計畫，要有能力創造出技術純熟的作品，此外，必須成功聯絡並且說服這門技藝的把關者，讓他們獲得「有創造力」的封號。

齊克森米哈伊表示，從事創作的個人不僅要有發揮技巧的才華，也需要具備某些派得上用場的特質，能夠和媒體、消費者、把關者互動。要成為成功的藝術家，部分條件是成為具有說服力的銷售人員，推銷自己的品牌。要能讓人產生好奇心，並且抓住注意力。這跟孤僻、憤世嫉俗的藝術家氣息委實衝突。

齊克森米哈伊做過一項有名的研究。他在這項研究中測驗並訪問藝術科系的學生，然後追蹤他們接下來幾年的職業發展。他發現在學校裡，最被看好的學生，也符合傲慢無禮、神經質天才這種公認的藝術家刻板印象。但在真實的藝術世界，這些學生沒有辦法把自己或作品推銷出去，以致舉步維艱。

齊克森米哈伊說：「年紀輕輕就在藝術圈闖出名堂的藝術家，通常除了有創新能力，也有向社會大眾傳達願景的能力，經常運用公共關係策略，只是這種作法背離藝術學校的單純氛圍。」

成功與否，個人資源也扮演看不見的要角。如果接受過私下的指導或未來的把關者，錄取一流大學的機會就大上許多。如果家人有錢支付小提琴課的費用，成為世界級小提琴家的可能性會高出許多。小時候上過課的那幾年能培養興趣和能力，以及超越同儕的優勢，這種優勢只會隨著時間愈來愈顯著。

個人也必須被體制接受。如果你是局外人或是在某些方面被邊緣化，傳統來說，就比較難接觸到把關者。齊克森米哈伊發現，在學校的時候，男女的創造潛力程度相當。但是過了二十年，當他追蹤原本的研究時，這些女性當中，沒有一個人打響名號，卻有許多男性研究對象坐擁名聲和地位。如齊克森米哈伊所寫：「一直到近期，科學進展大都是有錢有閒的男性（如哥白尼這樣的神職人員、拉瓦節〔Lavoisier〕這樣的稅吏或賈法尼〔Galvani〕這樣的醫生）完成的。這些男性有辦法建造私人實驗室並專心投入自己的想法。」

結果就是，我們閱讀創作天才的歷史文獻時，看到的是有機會學習適當技巧、有時間掌握那些技巧，以及有能力說服他人自己的作品具有價值的人。這樣會鋪出一條路，讓把關者接受這些野心勃勃的天才之作，並納入既有的主要內容或準則；而後，主流人口將其奉為圭臬，認為這就是創意的定義。

主要內容、把關者和個人，這些元素統統都要到位，個人或作品才能得到「有創造力」的封號。齊克森米哈伊在著作中總結：「原創性、新鮮感、擴散性思考能力本身是好的，也是值得擁有的個人特質。但是未得到某種公開的認可，這些特質不會構成創造力，當然

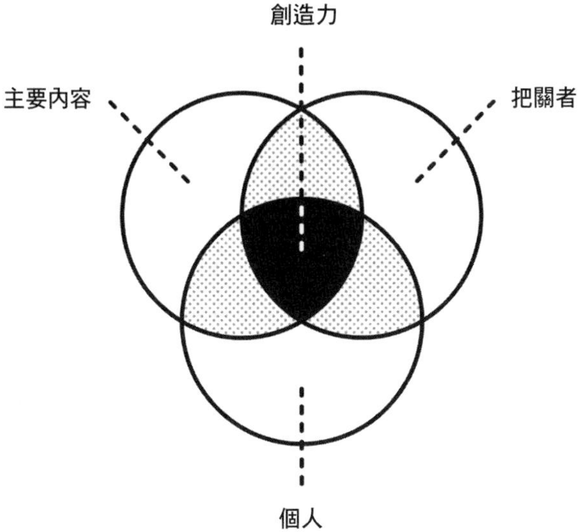

也不會構成天才。」

這樣繞了一大圈，無非是要提醒大家，創造力和天才是**社會現象**。我們已經明白，受過適當的訓練，大多數人都可以像強納森·哈德斯提一樣，學會創造優質作品所需的技能。然而，單單訓練本身，不會讓一個人的作品「有創意」，也不會讓他在藝術圈占有一席之地。個人必須得到公眾的認可，而得到認可的關鍵在於**時機**。你得趁著擁有資源以及把關者感興趣的時候，製作或創造作品。所以除了磨練推銷能力、躋身支持你的創意領域的環境，你還必須在最理想的時機，想出絕佳點子。

假如保羅·麥卡尼是在一八八五年寫出〈昨日〉，我們就要納悶會不會有人在乎這首歌。〈昨日〉會顯得太過與眾不同。假如J．K．羅琳是在一六五〇年寫出《哈利波特》，根本沒人會讀，而且她可能會被綁在火刑柱上燒死！

如果時機至關重要，我們能不能學會如何掌握時機呢？有沒有方法能讓我們做有目標的練習，站在更好的時間點上？

想不到，答案是有的。

第6章 創意曲線

想一想麗莎這個名字。

你能想到的最有名的人是誰？

麗莎・瑪莉・普里斯萊（Lisa Marie Presley）？《六人行》的麗莎・庫卓（Lisa Kudrow）？《天才老爹》的麗莎・波奈（Lisa Bonet）？還是喜劇演員麗莎・蘭帕內利（Lisa Lampanelli）？

這個問題，我問過許多閱聽人，從青少年到《財星》五百大企業的高層主管都有，通常會聽到以上其中一個答案（《辛普森家庭》的麗莎不算數）。

我提到的這些「麗莎」都有一個共通的特質：她們都出生在一九六〇年代。

根據社會安全局的資料，麗莎曾是最多美國新生女嬰取的名字，幾乎橫跨整個一九六〇年代。[1] 突然間，每個剛生下女嬰的父母，都管他們的甜蜜負擔叫麗莎。

幾十年過去，麗莎不再大受歡迎。到了二〇一六年，麗莎在最受歡迎的名字排行榜上跌到第八百三十三名。那一年全美只有三百四十二名新生女嬰取名麗莎。《紐約時報雜誌》甚至刊登一篇文章，標題是〈這些麗莎都到哪兒去了？〉（Where Have All the Lisas Gone?）。[2]

這個現象不只發生在麗莎身上。研究顯示，鐘形曲線通常可以描繪某個名字的歡迎程度——一開始受到歡迎，然後達到高峰，再猛然跌到相對沒沒無聞的狀態。

為什麼事物（不只是名字）會流行起來或褪流行呢？

單純接觸效應

第二次世界大戰期間，羅伯特．柴恩斯（Robert Zajonc）從德國的集中營逃出來。[3]再次被捕後，他被送到一間位在法國的監獄。從那裡逃脫之後，他加入了法國抵抗運動（French Resistance）。

大家比較不會把這當成知名逃亡藝術家的故事，而是世界上最受尊敬的社會心理學家的事蹟。戰爭結束後，柴恩斯懷抱一份理所當然的自信感，決心研讀心理學，最後在密西

根大學取得博士學位，窮盡餘生之力，瞭解是什麼驅動人類的行為，發表許多基礎研究的成果。

其中一項至關重要的實驗，是一九六八年在密西根大學進行的。[4] 他徵求自願受試的學生，告訴他們要參加一項語言學習實驗，但其實掩飾了他的真實目的。

一開始，他給學生看假的中文字，聲稱這些中文字是不同的形容詞。然後，按照不同的頻率，繼續讓實驗對象一個一個看這些字。有些字他沒有拿出來，有些字他展示了高達二十五次。最後，柴恩斯要自願者評估形容詞的定義是正面還是負面（也就是性質是好是壞），以及他們有多「喜歡」這個字詞。

別忘了，柴恩斯給實驗對象看的中文字是編造出來的，根本不具任何意義。可是，柴恩斯的發現將深深影響人們對人類品味和喜好的瞭解。他發現，在熟悉感和人們的正面印象**以及**喜好程度之間，存在一種幾乎線性的關係。愈常看到某個中文字，就會對這個字愈有好感。

換句話說，僅僅是接觸到中文字，就能讓實驗中的答題者覺得這個字比較正面。後來柴恩斯將這個現象稱為**單純接觸效應**（mere exposure effect）。從那時起，他的發現出現在很多文字紀錄中，橫跨各式領域，從胡說八道（沒錯，這真的是學術用語）到藝術和廣告都有。對某樣東西的感覺愈熟悉，我們就愈容易產生好感。

如果看見某樣東西的次數愈多，就愈喜歡。我們要怎麼利用這個現象，來打造爆紅事物呢？我會在後面進一步討論。但首先，我想瞭解單純接觸效應背後的**成因**。為什麼會產生這個清晰易見的模式？為了回答這個問題，我訪問了維吉尼亞大學的一位研究人員，他所研究的單純接觸效應脈絡較為嚴肅——種族歧視。

種族歧視可能是學來的？

種族歧視很多時候看起來是個無法解決的問題。

美國為了奴隸制度打了一場血流成河的戰爭。將近一百年後，即使沒有上百萬人，也有數十萬人在一九六〇年代上街示威遊行，抗議「制度性的種族歧視」（institutionalized racism）。甚至到了今天，種族歧視依然是備受討論的全球話題。從制度性種族歧視到隱性偏見（implicit bias），再到顯性偏見（explicit prejudice），全球各地的社會始終無法和種族歧視的世界畫清界線。

那麼，假如借助神經科學的力量，就算不能消弭種族歧視，至少能夠瞭解種族歧視呢？

布蘭戴斯大學的研究人員萊斯利・澤布維茲（Leslie Zebrowitz）和章怡想瞭解，柴恩斯的單純接觸效應能不能用來對抗以種族為基礎發展出來的歧視現象。[5]如果他們一而再、再而三地讓受試者觀看其他族裔的人的臉孔，會發生什麼事呢？

這次的實驗，他們特別關注與腦部回饋系統有關的眼窩額葉皮質。在我們採取行動前，眼窩額葉皮質會驅動兩種反射作用，幫助大腦評估狀況。具體來說，眼窩額葉皮質的角色是告訴我們，接近或避開某個人、某個地方、某件事物，對我們是否有利。

首先來看接近反射（approach reflex）。這個反射作用可透過觀察**內側**眼窩額葉皮質的活動來測量。當這個腦部區域活絡起來，你的運動系統會慫恿你跟某個人互動或參與某件事情。如章怡博士所說：「在賭博的情境裡，如果你開始贏錢，內側眼窩額葉皮質是最活躍的區塊，因為贏錢會產生正向回饋。」

接著，再來看看避開反射（avoidance reflex）。科學家是透過觀察**外側**眼窩額葉皮質的活躍情形來測量這個作用。這個區域活絡起來的時候，我們的大腦會要身體逃開，避免可能產生的負面結果。活絡的程度愈強，感受會愈明顯。章怡博士還是以賭博為例：「當你開始輸錢，外側眼窩額葉皮質會比較活躍，因為那時你對這種情況開始有不好的感覺。」

只是問題還在：單純接觸效應是怎麼產生作用的？當我們一而再、再而三接觸某樣東西，是接近反射增加，還是避開反射減少？又或者，如章怡博士所言：「是因為我們開始對那些刺激有較好的感覺，還是感覺沒有那麼差了？」

為了找出答案，章怡博士和她的團隊以十六名白人男性和十六名白人女性為對象，進行功能性磁振造影研究。[6]功能性磁振造影儀和磁振造影儀不同，前者能測量血液流動的狀況，讓科學家觀察腦部活動的變化情形，能顯示哪個區域活絡起來，而傳統的核磁造影技術只能顯示腦部各區域的大小。受試者會看到許多有黑人面孔、韓國人面孔、中文書寫文字、任意形狀的圖片。這些圖片展示給受試者看的次數不同，有些圖片從頭到尾都沒有展示出來，有些則展示許多次。

接下來，研究人員讓受試者躺進功能性磁振造影儀，觀看四十個先前從未見過的影像，以及二十個見過的影像。研究人員的想法是要瞭解大腦的反應情形和反應區塊。

這些科學家發現，如果是受試者從未見過（不熟悉）的影像，他們腦中的避開反射便會活絡起來。簡單來說，人們害怕不熟悉的東西。這個現象不只發生在人臉上，受試者接觸到不熟悉的形狀和中文字時，也會產生同樣作用。

看樣子，人類演化出對未知的恐懼，因為未知可能帶來傷害。如果古時候的穴居人看到森林灌木下方有一隻不熟悉的紅蜥蜴品種，可能會想吃了牠。但是經過數千年，演化讓我們的大腦學會發出避開的訊號，因為那隻蜥蜴實際上可能會致人於死。今天，看見不認識的蜥蜴會引發我們的避開反射，想要衝回帳篷，而不是吃了那隻紅色爬蟲動物。

不過，光是**熟悉感**，就能減少避免作用的產生。不妨想想，受試者在進入功能性磁振造影儀前看過相同的面孔、形狀和文字，避免作用就會大幅減少。接觸某個東西的次數愈多，我們對它的恐懼就愈少。

章怡博士也觀察到另一件令人驚訝的事。「我們發現，只要讓受試者接觸典型的韓國面孔，他們對相同族裔的其他面孔產生的負面反應就會變少。」

熟悉感竟然能夠消弭種族發展出來的歧視現象。

那麼，接近反射又是怎麼回事呢？有趣的是，增加熟悉感既不會改變接近反射，也不會增加接近反射作用。熟悉感並不會讓我們更喜歡某樣東西，而是讓我們比較不害怕某樣東西。

這就是我們通常喜歡待在家裡的原因之一。熟悉的人事物令人感到安全。我們可能不會特別喜歡祖母傳下來的舊椅子，因為坐起來不是很舒服，而且顯然需要重新表布，但是有它在身邊令人安心。

且讓我們回到先前的話題。假如熟悉感真的能衍生安心的感覺，為什麼麗莎這個名字會隨著時間的推移，不再受到歡迎呢？為什麼把女兒取名為麗莎的父母不會愈來愈多，以至於某天醒來發現我們統統住在麗莎國呢？

愛會慢慢殺死你

唐・艾德・哈迪（Don Ed Hardy）[7]是一位刺青藝術家，許多年來，他最為人所知的就是以日本文化為創作靈感的刺青設計。一九七七年，他在舊金山開了「刺青城市」（Tattoo City）工作室，將設計刺在人體上。

有一天他接到一通電話，來電者是潮牌凡達馳（Von Dutch）的業務克里斯丁・奧狄基爾（Christian Audigier）。奧狄基爾見過哈迪的刺青設計，想要讓這些設計打入主流市場。他請哈迪簽署一份授權文件，讓他們使用他的藝術作品來打造新品牌。

哈迪把奧狄基爾調查了一番，後來他告訴採訪者：「這傢伙對現代文明出了什麼錯一無所知。」[8]

儘管如此，想要增加曝光度的欲望勝出了。「我只想拿到錢就閃人。」奧狄基爾馬上拿到主要的許可文件，可以使用哈迪的藝術作品和品牌。

奧狄基爾著手推動一項詳細擬定的策略，讓名人穿艾德．哈迪的新品牌服飾，希望這個品牌成為好萊塢時尚的縮影，讓所有人看見。

這個針對性的行銷策略在那個年代掀起一股熱烈的風潮。[9] 在二〇〇九年，只要打開電視，不可能沒看到半個名人穿著印滿骷髏圖案和「寧死不辱」（Death Before Dishonor）、「愛會慢慢殺死你」（Love Kills Slowly）等格言的衣服。

一夕之間，艾德．哈迪成為家喻戶曉的名字。就在那一年，艾德．哈迪這個品牌賣出價值七億美元的服裝和配件。[10]

熟悉感創造出財富。

新鮮感紅利

你有沒有注意過，新款 iPhone 推出時，舊款突然就看起來沒那麼吸引人？

如果熟悉的東西讓你覺得比較安心，為什麼會這樣呢？大家不是應該拿著二〇〇八年推出的老 iPhone 嗎？或是二〇〇四年版的粉紅色摩托羅拉 RAZR 掀蓋式手機？

柴恩斯的另一項研究給了我們答案。[11] 他跟另外幾位研究人員組成團隊，調查他的單

純接觸效應在藝術世界裡如何發揮作用。當人們看一幅畫好幾次，會跟柴恩斯原先實驗的受試者接觸假中文形容詞一樣，愈來愈喜歡這幅畫嗎？

首先，想像你在逛一間美術館，看到上面這幅抽象畫。

現在，想像你必須在這幅畫前面走過五遍。你覺得，看到好幾次會讓你改變對這幅畫的評價嗎？假如看到十次？二十五次呢？

為了找出答案，研究人員給學生看不同畫作的複製品，類似上面的畫作，次數分別是零次、一次、兩次、五次、十次、二十五次。

他們要求學生盡可能專心看這些畫作。之後，學生要從「我不喜歡」到「我喜歡」，根據七個等級為每一幅畫打分數。

如果回想柴恩斯的原始研究，你可能會預期，每多看一次，研究對象的偏好就會增加，因為他們在無意識中對畫作的害怕感愈來愈少。

可是，學生看過二十五遍的畫作，跟研究對象第一次看到的畫作相較，喜歡程度卻**低了**百分之十五。簡單來說，比起熟悉的畫作，學生更喜歡新鮮的畫作。

在這個例子中，接觸讓他們對畫作的喜好**下降**。

這跟柴恩斯先前的研究相牴觸。在新的研究中，新穎比熟悉感更能擄獲人心。

結果為什麼不一樣？

想要弄清楚，首先你得深入研究大腦神經傳導物質多巴胺所扮演的角色。多巴胺是最多人誤解，而且坦白說，也最被人誇大的一種大腦化學物質。如果你是大眾心理學書籍的忠實讀者，或熱愛閱讀任何在機場販售的書籍，你絕對聽過多巴胺。這些書籍提到多巴胺的時候，通常都會把它描述成「令人愉快的神經傳導物質」。有數不清的專題演講者，建議公司有必要引出顧客腦中的多巴胺，藉此提高滿意度和入迷程度。

但這種對多巴胺的看法，嚴格來說並不正確。不同於流行媒體讓我們相信的事，多巴胺在人腦中其實扮演更加微妙的角色。

我想深入瞭解，於是打電話給倫敦大學學院認知神經科學研究所的神經科學家艾姆拉．杜哲（Emrah Düzel）。他以動機研究聞名。

杜哲解釋為什麼大家對多巴胺的普遍看法沒有道理。你可以不讓多巴胺在人類大腦中活動，但人們還是會在事物當中找到樂子。當研究人員阻斷藥物上癮者的多巴胺受器，這些癮君子仍然繼續吸食、享受、迫切需要毒品。既然如此，究竟是怎麼回事？

杜哲解釋：「多巴胺其實跟攝取某樣東西帶來的快感關聯不大，重點在於多巴胺代表獲取某樣東西的動機。」他說，多巴胺在我們腦中扮演的角色，是決定我們何時該**接近**某樣東西，進而深入瞭解這樣東西。杜哲解釋，多巴胺向我們的運動系統發送訊號，表示我們該**做點什麼**——唯有這個時候，多巴胺才會啟動學習過程。簡單來說，多巴胺不是令人愉快的神經傳導物質，而是**引發動機的**神經傳導物質。

杜哲想要研究，就我們腦中的多巴胺分泌量，新鮮感扮演什麼樣的角色。因此，他和同期的英國研究人員尼可・邦札克（Nico Bunzeck）合作，進行一項多步驟的研究。

首先，杜哲和邦札克讓自願受試者觀看一組人臉照片。接下來，受試者躺進功能性磁振造影儀，在裡頭觀看更多照片，在先前看過的影像當中，穿插從未見過的新影像。

邦札克和杜哲接著測量，受試者腦中所謂「中腦」的動機中心產生什麼反應；中腦對多巴胺的分泌量扮演至關重要的角色。我們腦中的動機中心愈是活絡，多巴胺分泌得就愈高，想要探索和學習的動機就愈強烈。

邦札克和杜哲發現新鮮感能活絡腦部的動機中心。新鮮感釋放多巴胺，鼓勵我們投入更多注意力，進一步瞭解眼前的事物。

為什麼？

想像你是史前時代的穴居人，偶然來到你從未到過的野地。從演化的角度來看，這樣能幫助你產生足夠的動機，去探索這片陌生的土地，因為這可能會是新的食物來源。科學家將此稱為「新鮮感紅利」（novelty bonus），而且不管是新車、新手機、新食物，這些都是我們追求和喜歡新鮮事物的原因。因此，只要我們遇到新的狀況和物品，腦部就會活絡起來，對可能存在或不存在的獎勵做出反應。

可是現在我們遇到一個顯而易見的矛盾狀況：我們會因為新鮮感產生動機，但我們也會因為陌生事物感到害怕。那我們要怎麼在感興趣和恐懼之間取得平衡呢？造訪加拿大的某間心理學實驗室，可以得到一部分的答案。在那裡，有個研究團隊決心瞭解，如果人們被逼著一遍又一遍聽同一首歌，會發生什麼事。

創意曲線

多倫多大學和蒙特婁大學的研究人員想要瞭解，恐懼未知和追求新鮮感這兩種矛盾的現象，在音樂的世界是如何運作的。[12]

我們坐下來聽一首歌的時候，單純接觸效應存在嗎？研究團隊裡的首席研究員葛蘭·

夏侖柏格（Glenn Schellenberg）教授向我解釋，為什麼在進行研究前他認為可能存在。

「通常你聽見某首歌曲，要到聽第二遍或第三遍，才會說：『喔，我喜歡這首歌。』」

他也想弄清楚，新鮮感和過度熟悉在我們對一首樂曲的愛好或厭惡中扮演什麼樣的角色。尤其是厭惡的部分。「我們感興趣的是，能不能把另一種現象記錄下來，也就是聽過太多遍同樣的音樂以致厭惡至極的現象，你知道，像是〈瑪卡蓮娜〉（Macarena）這樣的歌，或是〈熱線響起〉（Hotline Bling）。」

講得白一點，為什麼我們能喜歡上某些歌曲，卻受不了或厭倦其他歌曲呢？

為了回答這個問題，夏侖柏格和他的團隊讓一百零八名大學生進入隔音間，在他們身旁放一台電腦和一副耳機。接著，研究團隊放六首歌給這些學生聽，而且不是每首歌只放一遍而已：有兩首歌放了三十二遍，另外兩首放八遍，剩下兩首放兩遍。放完之後，他們要學生依據自己對每首歌的喜歡程度評分，其中包括好幾首先前沒聽過的歌曲。

如果你相信我們的大腦總是追求新鮮感，那你就會推測，學生每聽一遍，就會愈來愈不喜歡這首歌。如果你相信人們恐懼未知，渴求熟悉的事物，這就表示，同一首歌，學生每聽一遍就會更加喜愛。

可是兩種情形都沒發生。學生專心聽歌的時候，對歌曲的喜好符合鐘形曲線。某一首歌聽第二遍到第八遍時，學生表示**愈來愈喜歡**這首歌。第八遍到第三十二遍，他們每聽一

創意曲線

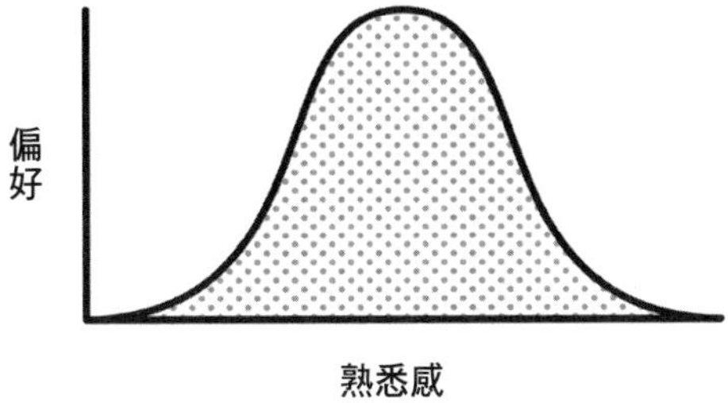

遍就**愈不喜歡**。跟柴恩斯的畫作研究結果類似，一首歌聽到最後一遍，比起第一次聽到，他們對歌曲的喜好程度明顯降低許多。

所以，人們同時追求熟悉感和新鮮感，導致偏好和熟悉感之間，存在一種呈現鐘形曲線的關係。每接觸一次，我們對歌曲的喜好就愈高，直到達到高峰為止，這一點代表過度接觸。從那一點之後，每接觸一次，我們對歌曲的喜好就愈低。我將這條鐘形曲線稱為「創意曲線」。

創意曲線描述的是一種個人現象，跟個人的熟悉感有關。假使接觸到某一首歌、某一部電影、某一個產品的是一整個地區的人呢？會發生什麼情形？趨勢研究的重要性就在這裡。

現實一點

唐・艾德・哈迪發現趨勢的力量，但過程並不順遂。

他告訴《紐約郵報》，在他的品牌受歡迎度達到高峰時，「情況變得好離奇。我走進商店買雜誌，會看到艾德・哈迪的打火機。有一度，轉授權的對象有七十個。」[14]

二〇〇九年之後，艾德・哈迪服飾的受歡迎程度直直滑落。突然間，艾德・哈迪品牌服飾成了俗艷的老套穿搭。

唐・艾德・哈迪認為，實境秀明星強恩・戈瑟蘭（Jon Gosselin）在《十口之家》（*Jon & Kate Plus 8*）節目裡，老愛穿這個牌子的服飾，是致命的一擊。「牌子就是那樣受到重創。梅西百貨以前總是用很大的櫥窗展示艾德・哈迪的商品，於是品牌滲透到下層，最後梅西才會不要這個品牌。」[15]

二〇一六年，這個品牌仍勉強撐著。

一個品牌怎麼會像這樣爬到這麼高，然後又跌得這麼深？

Google 提供研究人員一種工具，可看出人們在某段時間內、搜尋某個詞組的次數。想要針對國內或世界上最盛行的風潮進行觀察並記錄時間，這是一個好方法。如果我們搜尋「Ed Hardy」（艾德・哈迪），會得出什麼結論呢？

「艾德．哈迪」（Ed Hardy）的 Google 全球搜尋次數

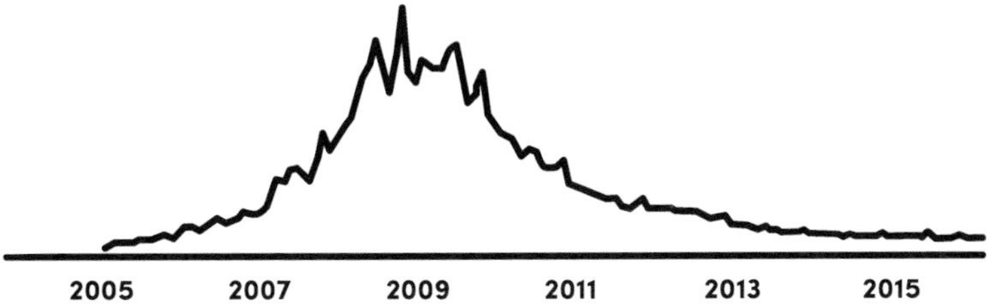

這個牌子在二〇〇五年起家，在二〇〇九年達到顛峰，經歷耀眼的攀升階段，然後一路下墜。

發現什麼嗎？**又是**一個鐘形曲線。雖然鐘形曲線描繪的是**個人**偏好，我們也能從中看出**群體**效應。許多個人以不同的程度接觸到某樣東西，通盤看整個群體，群眾反映出來的是同樣一種行為。舉例來說，在服裝界，時尚達人比社會大眾先注意到品牌，但他們也比較早感到厭倦。結果就是，主流大眾的個人才剛開始對艾德．哈迪產生興趣，所謂的「潮人」已經厭倦。

艾德．哈迪這個品牌，跟麗莎這個名字以及其他數不清的現象一樣，變得極度受歡迎，達到我稱為**陳腐點**（point of cliché）的位置；對新鮮感的追求，在這個地方以團體的規模逐漸消退，人們變得過度接觸、過度熟悉某個品牌。每多接觸一次，就會降低群體對這個產品、點子、概念的整體興趣。

同時瞭解創意曲線和陳腐點，是明白如何一舉成功的關

創意曲線

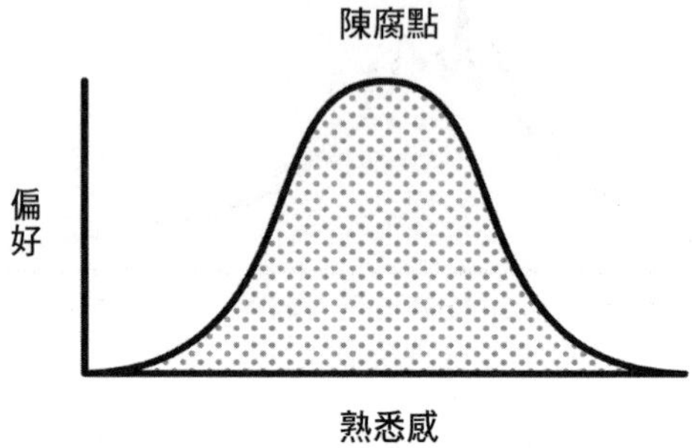

鍵。你希望點子產生足夠的熟悉感，來提高廣為採納的機會，同時間，也要創造足夠的「新鮮感紅利」來引發興趣。回想一下在二〇一一年達到顛峰的霜凍優格風潮。霜凍優格的樣子和口感都跟冰淇淋很像，所以有熟悉感，但不僅止於此，它的味道偏酸，而且據說比冰淇淋健康，所以有新鮮感、與眾不同。再想想壽司捲餅（可以用手吃的巨大壽司捲）在全美各地掀起的熱潮。很多人都很熟悉壽司，壽司捲餅只是用我們已經知道的東西做出新的變化而已。這些點子都很成功，因為源自我們已知的東西，只是足以引發好奇心，刺激我們腦中的「接近」區塊。

因為大家對創意的靈感理論深信不疑，形成一種普遍的文化，所以許多人相信，受歡迎的關鍵在於想出徹頭徹尾新奇的創新點子。問題是，這樣可能會讓點子落在創意曲線非常左邊的位置。這些點子出現的時機不甚理想。它們**太**新、**太**與眾不同：人們**不夠**熟悉。風險在於，小說家可能寫出沒人喜歡的書，作曲家譜出大家討厭的旋律，新創服務沒有使用者。在最好的情況裡，你是正在撰寫《白鯨記》的赫爾曼．梅爾維爾；這本書要到作者去世數十年後，才和讀者產生共鳴。最差的情況則是，你花了好幾年創作某個徹頭徹尾新穎的作品，卻幾乎沒人感興趣。一本好的小說需要的不只是新鮮感，還需要熟悉感。

這個原則適用於**各式各樣**的創意。

安德烈．畢夏普（André Bishop）是林肯中心劇院的製作藝術總監，至今拿過十五座東尼獎。《浮華世界》（*Vanity Fair*）雜誌稱他為「紐約劇院的完美紳士」。我跟他約在他的辦公室見面。林肯中心建築群藏著迷宮般的走廊，辦公室就位在走廊盡頭。畢夏普看上去就像任何場合都穿著西裝的男子，整齊俐落，跟這個詞形容得一模一樣。

他解釋時機對劇場來說有多重要。「某些戲劇和音樂劇符合當代精神。」他舉例說：「我認為像《漢米爾頓》（*Hamilton*）這樣的表演，很符合當下的時代精神，尤其是剛推出的時候，特別符合紐約的情況。要是十五年前，根本不可能發生。」

這並不表示《漢米爾頓》的成功，能以時機一言蔽之。據畢夏普解釋，一齣好的戲劇或音樂劇，還要「由一流的作家撰寫、一流的導演指導、傑出的演員演出，加上符合戲劇宗旨的舞台布景」。

既然如此，掌握賣座的關鍵，在於掌握創意曲線的細微差異。好的執行力是必需的，但這樣還不夠。想要成功，任何創意作品都要和現今的觀眾產生共鳴，否則你從頭等到尾都不會有觀眾出現。

當少即是多

二〇〇四年初，有個社群網路在某間常春藤盟校上線了。[16]這個由學生創建的網路，是最早使用真名的社群網路之一，它像傳染病一樣迅速竄紅。團隊成員看見它的潛力，於是休學，用全部的時間專心投入這個新創服務。

但這不是臉書的故事。

這是「校園網路」（CampusNetwork）的故事。這個社群網路在哥倫比亞大學推出的時間，就在Facebook在哈佛引發熱潮的幾個星期前。

校園網路是工程學院班代亞當・高伯格（Adam Goldberg）、哥倫比亞學院班代丁韋恩（Wayne Ting，音譯）共同創辦的。校園網路不只比臉書早幾個星期推出，還比臉書先進非常多。臉書的原始版本跟虛擬目錄沒有兩樣，只是多了一些基本檔案、好友和「戳一戳」的頁面而已。許多讓臉書最後成為媒體殺手的功能，如照片分享、塗鴉牆、最新動態，都是到很後面才出現。

校園網路一推出就有照片分享功能、可對朋友檔案留言的塗鴉牆，而且它的最新動態可以讓所有人看見整個網路發生的事，如同臉書未來的「動態消息」功能。

二〇〇四年春天上線之後，高伯格和丁韋恩搬到蒙特婁，把校園網路當成全職工作。此時，臉書團隊也搬到矽谷做同樣的事。秋天時，校園網路向臉書全面開戰，在其他常春藤盟校推出這個網站。同時，突襲十二大聯盟的學校，那時他們都還沒聽過臉書。

在這個過程中，校園刊物注意到這個競爭狀況，開始針對這件事撰寫文章。校園網路在史丹佛大學剛推出時，《史丹佛日報》（*Stanford Daily*）問一名叫艾娃．科倫（Eva Colen）的學生，兩個網站有什麼不同。科倫回答，臉書比較落後：「上面根本沒有什麼社群，比較像是分類廣告欄……你可以在校園網路上建立人脈、展現個性，而臉書只讓你加朋友或偷偷追蹤暗戀的人。」[17]

儘管有一堆先進的功能，校園網路還是發展停滯，並且以失敗告終。在哥倫比亞大學以外的任何地方，高伯格和丁韋恩都無法和臉書匹敵。最後，丁韋恩覺得被打敗了，在二〇〇五年春天回到學校，高伯格也在下一個學期跟隨他的腳步。

校園網路為什麼會失敗？為什麼亞當．高伯格和丁韋恩的名字沒有受到社會大眾讚揚？如果這個網站從一開始就提供比較多先進功能（我必須說，這些功能日後讓臉書大獲成功），為什麼沒有在校園網路發揮作用？

這就要回到創意曲線了。

丁韋恩成立新創公司的經驗，讓他對顧客是否歡迎（或不理會）新點子，有了寶貴的看法。[18] 回顧過去，丁韋恩現在明白，他的應用程式功能密度太高，他以為這樣能讓校園網絡大幅超越臉書，其實這就是校園網路失敗的核心因素。[19]

可是，怎麼會呢？丁韋恩告訴我，當時人們對數位身分和隱私抱持截然不同的看法。二十一世紀初，我們還在網路上使用假名和不具描述功能的使用者名稱。校園網路不僅要求使用者把筆名丟到一邊、使用真名，還要他們跟網路中的人分享照片和近況。

丁韋恩說：「我們一次要求他們做出太多創舉了。」

相反地，臉書是隨著使用者愈來愈習慣在網路上分享資訊，逐漸加入更多功能。科技新聞記者、也是《facebook臉書效應》（*The Facebook Effect*）一書的作者大衛・柯克派崔克（David Kirkpatrick），仍記得早期的臉書有多貧乏。「基本上，除了一個可以放檔案以及跟其他人聯絡的地方之外，什麼都沒有。」丁韋恩曾經告訴一名英國廣播公司的採訪人員：「臉書的作法極為聰明。他們用加朋友和戳一下來吸引人，然後他們和使用者一起學習，在使用者愈來愈習慣的過程當中，隨著時間慢慢加入功能。」

基本上，在不見得注意到自己在做什麼的情況下，馬克・祖克柏和他的臉書團隊是按照創意曲線行事。他們在熟悉感和新鮮感之間求取平衡。**太**新鮮的東西有把人嚇跑的風險，太熟悉的東西則無法引起興趣。

大衛．柯克派崔克在《facebook臉書效應》引用祖克柏的話。他告訴柯克派崔克：「竅門不在增加東西，而是移除。」[20]

校園網路的共同創辦人亞當．高伯格贊同這一點：「臉書循序漸進地訓練他們的受眾使用網站，不會把他們壓得喘不過氣。」

接下來幾年，臉書慢慢推出愈來愈多公共社交功能。新功能的反應偶爾不佳，例如臉書後來推出的「動態時報」。這項新功能讓使用者及整個社群網路分享他們在臉書上的活動，其公共性質產生一股公共關係的反作用力，但臉書堅持這麼做。其實臉書有個祕方能幫助他們掌握創意曲線，就是「數據」。如同大衛．柯克派崔克向我解釋的，使用者或許一直在抱怨動態時報，但**他們在動態時報上抱怨動態時報**。「他們屢次發現，網站顯示的使用數據與使用者的意見相左。他們可能會抗議某個新功能，但他們仍會使用。」

臉書最初有五名員工，麥特．科勒（Matt Cohler）是其中一名，他後來成為臉書的產品管理副總裁。二〇〇八年，他在史丹佛大學演講的時候解釋，臉書有一項特別之處，閱聽人的使用量逐年**增加**。[21]一般來說，消費性新創公司會變得愈來愈不新奇，隨著時間過去而流失使用者。臉書的使用量卻持續增加，有一部分原因是臉書在創意曲線的理想時間點推出新功能。這些創舉有足夠的熟悉感，令人感到安心，但同時也夠新奇，能持續引發興趣並鼓勵使用者參與。

丁韋恩回顧先前的經驗，心中五味雜陳。「我覺得看待這件事的時候，不帶著一絲後悔或一點嫉妒，真的很難……你心中有多常閃過價值十億美元的點子？」另一方面，他和高伯格也深感驕傲。丁韋恩還說：「即便只是在社群網路的歷史上扮演微不足道的角色，我們還是參與過。」

假如校園網路推出功能較少的應用程式會如何呢？別忘了，校園網路占了先機，有常春藤盟校組成的團隊，還有繼續發展的決心。這個問題很難回答，但我們確實知道一件事：校園網路不是完全瞭解他們的閱聽人想要什麼。校園網路沒有掌握創意曲線。

能夠在熟悉感和新鮮感之間取得平衡，不僅僅是創造財富的實用方針，而且是不可或缺的要素。

熟練的養成

問題在於，使用者最後為什麼接受了臉書的功能配置，又是怎麼接受的？為什麼有些功能讓校園網路一蹶不振，一模一樣的功能卻在後來幫助臉書成為今天如此強大的組織？

你可以這樣拆解問題：

我們討論過，當我們初次碰到某個新奇的東西，如書籍、電視節目、應用程式、前所未見的止汗劑，我們的腦中會同時發生接近和避開反射作用。陌生感使我們感到恐懼（這個東西很有可能會傷害我們），但同一時間，我們想要探索和學習新東西的欲望**也**會啟動。

我們大多數人接觸到新的東西，在頭幾次接觸的過程中，避開反射（「**逃開！**」）會勝過想要接近（「**去看看！**」）的欲望。結果，大多數人退縮了，這麼做的目的在於，不管新東西是什麼，都要保護自己不受傷害。

這就表示，**太**新穎的點子要吸引一大群觀眾，過程會困難許多。這個點子也許會深深吸引邊緣社群（想想威廉斯堡的潮人，或郊區購物商場的文化破壞者），但住在郊區的龐大家長人口不會接近這個點子。

通常，隨著時間過去，我們瞭解到新東西不會傷害我們，避開反射會愈來愈不活躍。這時，新鮮感紅利開始勝過避開反射作用，恐懼開始消散。我們漸漸好奇，新的東西或經驗會不會帶來幫助或具有價值。

此時，我們每看到或經歷一次那樣新事物，就會好感度愈增。這個向上的坡段，我稱為創意曲線的**甜蜜點**。落在創意曲線這個區域的點子，熟悉到足以令人安心，也新鮮到使我們持續關注。

最後，隨著新鮮感紅利價值漸漸降低，我們對眼前的事物漸失興趣；畢竟，我們也不

創意曲線

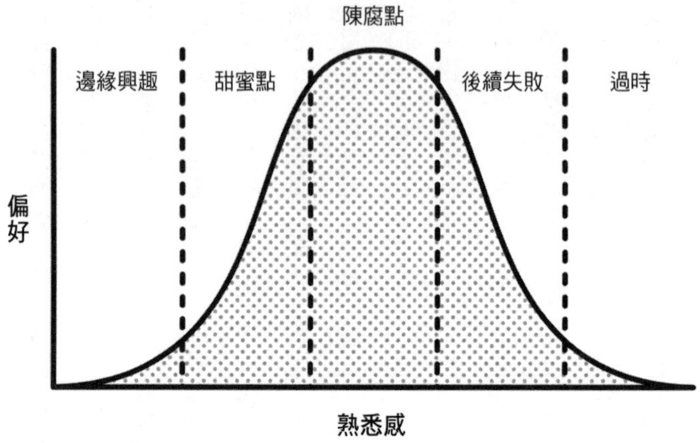
陳腐點
邊緣興趣
甜蜜點
後續失敗
過時
偏好
熟悉感

技術採用週期

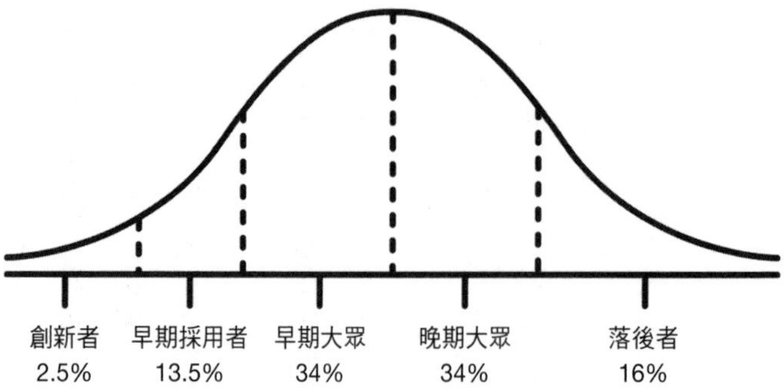
創新者
2.5%
早期採用者
13.5%
早期大眾
34%
晚期大眾
34%
落後者
16%

可能再獲得可觀的獎勵。進行多巴胺實驗的杜哲博士向我解釋：「一旦你瞭解某個環境，對它熟悉起來，新鮮感紅利便會隨著時間衰退。」[22]這句話的意思就是達到陳腐點了。

過了陳腐點，還能延續生命週期嗎？可以，但此時等同於月亮的陰暗面。很多點子在達到陳腐點之後，會成為我所謂的**後續失敗**（follow-on failure）。如果你在二〇一五年（杯子蛋糕熱潮達到顛峰後沒多久）開一間杯子蛋糕店，沒錯，你可能有一整年都過得很忙，但接下來（就算還未發生），很快就會面臨產品人氣驟然下滑的命運。

最後，一旦某個點子過時、不再受歡迎，就失去繼續執行這個點子的意義。如果你在二〇一八年初開一間迪斯可主題商店，很可能吸引一小群文化落後者，但僅止於此。那些最終成為知名創意天才的人，懂得早在點子達到這一點之前，就拋棄點子。

千萬別把創意曲線跟另一個有名的曲線弄錯了，就是技術採用週期（technology adoption cycle，在這個模型中，技術的採用比例會隨著時間，從百分之零進展到百分之百）。這兩個曲線有根本上的差異。其中一個差異是，創意曲線的演進基礎是接觸，並非時間。其次，創意點子從不受歡迎開始，再來是變得成功，最後會回到不受歡迎的狀態。即便有，創意點子也鮮少維持在高人氣的狀態，不像實用的技術（如拉鍊），（幾乎）到處一直有人在使用。

此時你也許會想，如果創意曲線能說明熟悉感和新鮮感之間的張力如何影響我們的偏好，那我先前寫到柴恩斯的原始實驗（實驗對象表示，每多接觸一次那些假的中文形容詞，就愈發喜歡），又要如何解釋呢？

研究人員有兩種解釋。第一種解釋，那項實驗的接觸次數可能不夠多，無法引起我們在創意曲線走下坡時看見的厭倦反應。

第二種解釋的可能性比較高。研究人員相信，我們是否會去喜歡（或不喜歡）某樣東西，關鍵在於你和我是**如何**處理概念。

舉個例子，先前提到的加拿大音樂研究，研究結果發現，鐘形曲線只有在學生被要求**專心**聽音樂的時候才發生。如果音樂是在背景播放、音量不大，學生通常會一遍又一遍反覆聽到，而且表現得愈來愈喜歡，這種喜好不會戛然而止。為什麼會這樣？

結論是，不管是廣告、歌曲，還是藝術品，當我們在用淺顯的方式吸收某樣東西，大腦處理的方式，跟深入或長時間吸收某樣東西的方式不同。後者便是神經科學家稱為**感知流暢性**（perceptual fluency）的過程在發揮作用。它的運作方式是：當我們第一次看見或體驗某件事物，大腦必須努力處理。但如果我們已經有了經驗，自然比較熟練，大腦處理起來比較有效率。問題在於，我們通常很容易把能輕鬆處理的狀態和真正的**喜好**弄混。如果仔細想一想，你會發現，處理超市或藥妝店在我們頭上播放一百遍的歌，實在輕鬆多了。在這個過程中，我們很容易就把這件事跟真正的喜歡混淆。

研究廣告的克里斯蒂‧諾德希姆（Christie Nordhielm）探究過廣告中的這個效應。[23]她發現，如果廣告印刷品反覆出現某個小特色或淺顯的特點（例如某個背景或某個標誌），人們表示，每看到一次，就愈喜歡廣告中的產品。這說明了行銷人員為什麼認為，要創造和維繫消費者的良好觀感，商標和品牌色彩至關重要。這些小東西能讓我們的大腦在處理每天看到的廣告時輕鬆許多——而且心智處理過程相對容易，經常讓人誤以為自己真的**喜歡**那種牙膏、刮鬍舒緩露或保險公司。

相反地，諾德希姆發現，如果她要求受試者**仔細**檢視這些相同的廣告，創意曲線就會開始發揮作用。觀看同一則廣告十遍之後，受試者表示，每多看一次就會愈不喜歡廣告中的產品。

深入處理事物的時候，你會花時間評估，跟熟悉感和新鮮感相關的衝突情緒便會發揮作用。深層處理的發生情況，一種是你刻意地密切注意某件事，另一種則是某個物體或概念本身就很複雜，必須比平常更賣力處理。例如，欣賞抽象藝術品時，觀賞者的心智處理較為費力，因為抽象藝術品的特質屬多面向（同時具有外顯和內隱意義），所以這種情況會受到創意曲線的支配。

創意曲線不僅是學術工具，還提供一種實用架構，讓我們探索同時追求熟悉感和新鮮感時產生的張力。簡而言之，這就是成功的基礎。

問題還沒完：有些創意人士持續在甜蜜點創造成功，是怎麼辦到的？他們怎麼能想出一個又一個落在陳腐點左邊的點子，有著超高的爆紅機率呢？

為了回答這個問題，讓我們回到保羅・麥卡尼和披頭四身上。

披頭四音樂背後的數學

一九六五年，保羅・麥卡尼辛辛苦苦完成〈昨日〉時，其他披頭四成員面臨全球知名度高漲、被人放大檢視帶來的沉重壓力，正在想辦法轉型，提升藝術性。[24]

喬治・哈里森認為自己在樂團的電影《救命！》中找到排遣的出口。這部電影的情節拿某個東方教派開玩笑，隱約看得出是印度宗教。在這個情境下，喬治・哈里森發現一個改變流行音樂的元素。

電影中有個場景是布置誇張的「印度」餐廳，一群音樂家用遠東的樂器，對用餐者彈奏小夜曲。有一次，哈里森在拍攝現場拿起一把當道具的樂器，那是一把西塔琴，有十二根琴弦，有點像吉他。

西塔琴在印度各處都很有名，對哈里森來說卻是全新的東西。諷刺的是，披頭四在《救命！》裡拿印度文化開玩笑，然而，哈里森被西塔琴令人著迷的撥弦聲和十足的異國情調所深深吸引。

哈里森和往常一樣，想在樂團裡打造個人特色並持續提升藝術性，他得出一個結論，就是西塔琴可以帶來他迫切需要的某些改變，不論是音樂還是個人層面。回到倫敦後，他在牛津街的印度工藝品店 Indiacraft 買了人生中第一把西塔琴。

那年十月，披頭四有一首叫作〈挪威的森林〉（Norwegian Wood）的新歌遲遲無法完成，他們準備把這首歌收錄在名為《橡皮靈魂》（*Rubber Soul*）的專輯。最後他們想到，或許可以試試哈里森的新西塔琴。這首歌的旋律大受歡迎。現在〈挪威的森林〉在大家的記憶裡，成了第一首主打西塔琴的主流西洋歌曲——但不是最後一首。

隨著這首歌廣受歡迎，西塔琴也紛紛出現在別的地方。一九六六年，滾石合唱團在暢銷歌曲〈塗黑〉（Paint It Black）裡使用了西塔琴，鞏固這個樂器在搖滾樂中扮演的新角色。到了一九六七年，「西塔琴熱」橫掃流行音樂。丹尼萊克樂器公司（Danelectro）甚至推出電子西塔琴，名叫「珊瑚」。這種西塔琴，很多音樂家都能輕易上手——琴弦設計跟吉他很像，但聽得出來是真正西塔琴的撥弦聲。這股風潮持續延燒，從貓王到「媽媽與爸爸」合唱團（The Mamas and the Papas），愈來愈多流行音樂家在創作中加入這種樂器。

同一年，哈里森遇見印度樂教父和西塔琴大師拉維．香卡（Ravi Shankar），他後來同意教哈里森彈西塔琴。一九六七年西塔琴熱四處延燒，香卡在巡迴表演時告訴一名採訪者，西塔琴「是目前的『最新流行』」。[25]他將此全歸功於披頭四和哈里森突然對某件電影道具著迷起來。「自從披頭四成員喬治・哈里森成為我的徒弟，很多人開始聽西塔琴演奏，尤其是年輕人。」

披頭四點燃火苗，但隨後燃起的火焰吞噬了世界各地的音樂家。由於西塔琴熱燒得愈來愈旺，披頭四開始減少使用西塔琴，最後不過是披頭四在偏實驗性質的那幾年嘗試的眾多新聲音之一。

西塔琴熱為創意曲線背後的數學運算提供一個強而有力的例子。

所有披頭四樂迷都知道，他們的音樂生涯有幾個明顯的階段。許多研究披頭四歷史的人會將這些階段分成三個年代：以流行樂為主的早期階段，音樂風格變得較迷幻、以音效為主的實驗階段，以及代表回歸流行樂基礎的晚期階段。

杜倫大學的圖奧馬斯・伊羅拉（Tuomas Eerola）教授研究實證音樂學。[26]簡單來說，就是音樂的量化特徵，例如一首歌有幾拍，或音符重複出現的頻率有多高。一九九〇年代末，他開始研究披頭四的音樂是不是可明顯畫分為不同的階段：這些音樂階段是突然停止和開始，還是在不同專輯間逐漸轉變？

為了研究，他的一個作法是檢視同音重複、下行貝斯線及西塔琴等異國樂器在披頭四音樂中的使用情形。於是，他計算了披頭四錄製的每首歌曲中，這些特徵出現的次數。

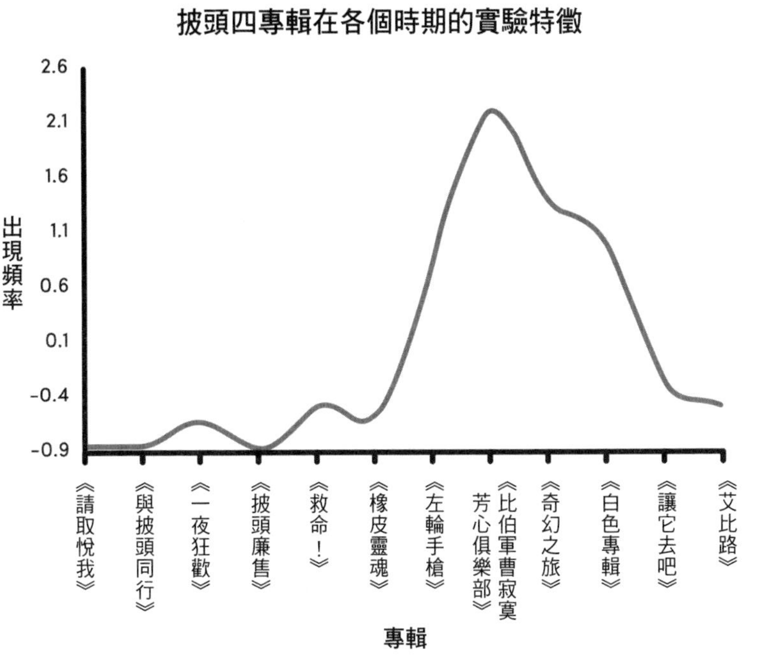

他發現，披頭四運用這些實驗性特徵的次數，起先愈來愈多，然後愈來愈少。伊羅拉把資料繪製成圖表，呈現這個隨時間改變的現象。各位現在可以猜到出現了什麼形狀——一個鐘形曲線分配圖。

披頭四使用實驗性歌曲特徵的情形，符合創意曲線。隨著聽眾愈來愈喜歡這些實驗性作法和聲音，這個樂團也慢慢增加這些元素，然後隨著聽眾可能過度接觸這些聲音而不再使用。

披頭四的創作天分中，有一部分是他們寫出的歌曲能夠反映聽眾建立的新品味，符合創意曲線的走向。這個樂團創作並推出具熟悉感的歌曲，但又夠新穎，讓聽眾接觸到他們漸漸會喜歡的新概念。一旦這些元素達到陳腐點，披頭四便會大幅削減。

想像一下，如果披頭四沒有在這些音樂特徵達到陳腐點時減少使用，而是繼續使用，會發生什麼事情？他們的樂迷會開始覺得無趣，改聽其他樂團。最糟的情況是，披頭四本身可能會變成一個陳腐的團體。

創意曲線這個架構，足以說明披頭四如何讓新點子進入市場並獲得成功，而不會過度發展或使用太久。

這一點對各領域的創作者來說，都具有重大意義。舉例來說，要減緩創意曲線的影響，一個方法是減少接觸。這就是為什麼許多奢侈品牌把焦點放在「獨享」上，盡可能提高售價來推動利潤，而不是大量配銷。另一種避免掉進曲線的方法，就是讓產品使人上癮（想想咖啡或某些電動遊戲令人流連忘返的力量）。

可是，披頭四怎麼知道音樂裡要加入多少西塔琴的元素？馬克·祖克柏怎麼知道要從最初的臉書版本拿掉哪些功能？

於是，我的訪談變得至關重要。我和數十位各行各業的成功創意人士坐下來談，試圖瞭解他們是如何想出一個又一個落在創意曲線甜蜜點的點子。既然我們都有創造潛力，而且創造出爆紅事物**不必**是智商極高的天才，我想把這些人的創意流程詳細描繪出來。**他們**做了哪些事，是我們其他人應該考慮加以複製的？

我詳問這些人童年生活過得如何，如何想出新點子、實現點子，如何在點子走到盡頭時將之升級。到頭來，我覺得自己彷彿精神科醫生，因為很多場訪談都是坐在沙發上進行的。人們邀我到他們的家中、辦公室和喜歡的餐廳。如果我們無法碰面，便用電話或Skype 討論。

訪談結束後，我發現自己聽到許多相似的故事，最終歸納出，創意人士之所以能想出創造商業成功的點子，多半遵循四種模式。從心理學、社會學到神經科學，這些方法也有許多科學理論作後盾，我稱之為**創意曲線的四大法則**。我在接下來四章將逐一拆解，說明如何將這些模式運用在我們的創作過程中。

首先，我們要討論如何**找出**絕佳的點子。

各位馬上會看到，一切都要從一趟亞利桑那州之旅講起。

第二部

創意曲線的四大法則

第7章 **第一項法則：吸收**

一九八二年，西亞利桑那錄影帶出租店（Arizona Video Cassettes West）擠滿了顧客。[1]結帳隊伍蜿蜒，排到喜劇電影區，經過恐怖電影區，再到國際電影區。這間店是亞利桑那州最早的錄影帶出租店之一，但那不是顧客願意排隊等二十分鐘以上的原因。

如果你問那些男男女女為什麼站在這裡，他們的回答聽起來沒什麼意義。他們都在排隊等著跟店員泰德講話。更重要的是，他們當中有許多人花了一整個下午思索，要問他什麼問題。

為什麼？

泰德是一名十八歲的社區大學學生。他為了多賺一點錢，到西亞利桑那錄影帶出租店打工，負責把商品上架，以及替顧客辦理租片。

泰德的童年過得一團糟。媽媽懷他的時候，父母還只是青少年，而且在那之後不久，他們位在鳳凰城郊區的小房子又有四個兄弟姊妹跑來跑去。

為了逃離家中的雜亂失序，泰德躲到祖母家，看了無數個小時的電視節目。泰德的祖母熱愛娛樂產業，每件家具上都擺滿成堆的娛樂雜誌。她讓泰德對當代演員的故事深感著迷，她直喚他們的名字，彷彿在回憶從前的情人。對泰德來說，電影和電視節目成為逃離失序家庭的終極手段。

長期失序的不是只有泰德的家庭，這家人的財務狀況也一團糟。他的父母寅吃卯糧，任何賺回家裡的錢，很快就會拿來買新玩意和電子產品。雖然家裡的電話線時不時就會因為沒付帳單遭到斷線，但泰德家是社區少數幾戶擁有錄放影機的家庭。

有一天，泰德在鎮上騎腳踏車，他注意到商店街有一間新開的店：一間錄影帶出租店。因為他的父母有錄放影機，而且他待在祖母家時聽了很多故事，泰德長大後很愛電影，新開的錄影帶出租店簡直是美夢成真。泰德走進去，開始跟店主戴爾．梅森（Dale Mason）聊天，戴爾穿著運動服（畢竟當時是一九八〇年代），站在櫃台後面。泰德很快就得知這名男子的人生故事。

戴爾曾經在芝加哥擔任航管員，後來決心成為一名企業家。他在雜誌上讀到一篇文章，預測優格店和錄影帶店會成為未來十年最大的商機。「我討厭優格，但熱愛電影。」他這麼告訴泰德，於是他的路子定了出來。戴爾很快就搬到亞利桑那州，在這裡他負擔得起一間小房子和一間小商店的租金。

接下來幾天，泰德都回到錄影帶店，花好幾小時跟戴爾聊天。他們兩個聊電影時，泰德就在店裡到處走動，用玩樂的心態整理貨架。顯然，身處上百支錄影帶之中，泰德覺得非常自在，而戴爾立刻發現自己找到志同道合的人了。他請泰德來店裡工作；泰德接受了，很高興周圍都是錄影帶。

大部分錄影帶出租店白天都是空空如也；顧客通常是下班回家後才來租片子看。泰德沒有利用輪班的空檔寫作業，而是立志看完店內每一部電影。他想盡可能學習所有跟電影相關的知識，而且終於擁有最棒的資源供他使用——一間一應俱全的錄影帶店。

幾個月後，泰德幾乎看完錄影帶店貨架上的每一部電影，成為一台人類推薦引擎。如果你是喜歡伍迪．艾倫電影的顧客，泰德會建議你試試艾伯特．布魯克斯（Albert Brooks）的電影，並告訴你「伍迪．艾倫之於紐約，就等於艾伯特．布魯克斯之於洛杉磯」。喜歡某部特定的動作電影嗎？泰德有另外三部電影可以推薦，讓你同樣熱血沸騰。

簡單來說，泰德發展出**文化意識**（cultural awareness），能即時意識到什麼是熟悉的東西、好的東西及老套的東西。就是這種技能，讓某個人分辨出某個點子或產品究竟落在創意曲線的什麼地方。

泰德大量吸收，十八歲就成了電影專家，相當於電影「侍酒師」。他知道什麼能令人滿意，顧客也清楚他對看什麼電影很有一套，想從他的獨到見解獲益，所以願意一等再等，等著跟他說話。就如饕客相信美食評論家建議的餐廳就是最棒的用餐新地點，具有這種認知的人，都會受到社會的敬重。我們將他們視為引領風潮、具影響力的分子，甚至提拔他們，擔任公司和文化中的領袖人物。

能夠辨別點子落在創意曲線的什麼地方，這樣的文化意識也許不是大部分人都能具備。美食評論家、潮流藝術家、成功的手機程式創造者，都很瞭解顧客，但是很難想像我們其他人要怎麼獲得那樣的技能。

重點是我們可以。我們將在這一章探討，**吸收**為什麼能讓你學會這樣的技能，要如何進行。我們也會明白，要如何利用吸收來**刻意**增加你的「頓悟」時刻。

只是運氣好？

有些企業家看起來超級好運，尤其是多次打造成功事業的人，有時甚至橫跨不同的產業。

舉例來說，企業家凱文・萊恩（Kevin Ryan）創立九間網路公司，包括媒體公司「商業內幕」（Business Insider，以四億五千萬美元被其他公司收購[2]）、線上時尚龍頭吉爾特（Gilt，以兩億五千萬美元被其他公司收購[3]），以及 MongoDB 資料庫科技公司（價值超過十五億美元[4]）。不僅如此，他還是廣告科技先鋒 DoubleClick 公司的早期成員，擔任執行長；這間公司最後以超過十億美元的價格，被其他公司收購。[5]從電子商務到媒體，再到資料庫技術，凱文·萊恩是連連出擊的企業家，而且打擊率高得驚人。

另一位不斷出擊的企業家是瑪蒂娜·羅斯布拉特（Martine Rothblatt）。[6]她是一名年輕律師，只是對人造衛星非常著迷，和其他人共同創立了天狼星衛星廣播公司（Sirius Radio）。如今，跟 XM 廣播公司合併後，天狼星 XM 的價值超過兩百五十億美元。[7]然而，羅斯布拉特在女兒診斷出一種無法治癒的致命疾病肺高血壓後，離開了天狼星廣播公司，決定改造自己。她去上生物課程，然後創立聯合治療公司（United Therapeutics），一間專門開發肺高血壓和其他類似肺部疾病療法的生技新創公司。現在，聯合治療公司是市值超過五十億美元的上市公司。[8]

大多數人即便辛辛苦苦，也開創不了大事業，萊恩和羅斯布拉特卻完成好幾項傲人的成就。更厲害的是，他們能夠一路變換產業，依然大獲成功。這只是天生幸運嗎？還是有別的因素發揮作用呢？

羅伯特·巴隆（Robert Baron）教授研究的是企業家精神和心理學的交會點，他想瞭解企業家是怎麼找出機會的。[9]

咖啡店的原型

他發現答案是模式辨認。[10]

大腦的基本任務，有一項是找出模式。這項任務對於保護我們，以及發現有利可圖的機會至關重要。我們討論過，假使有東西對我們構成威脅，我們會想辦法避開。如果是可能帶來獎勵的東西，我們則想要探索。

模式辨認必須仰賴兩種心智模式。巴隆教授相信，企業家在發想新點子的時候，兩種心智模式都用上了。

第一種是**原型**——但不是多數人腦中立刻浮現的那種原型。在心理學中，原型是任何概念的基本抽象特徵。想一想咖啡店。在這個例子中，原型是一間販賣咖啡、杯子蛋糕的小店面，有幾張桌子，還提供免費的無線網路（看店主有多大方）。或是在商業情境中，科技創業公司的原型是年輕、成長快速的公司，募集創業投資基金，並且提供某種獨特的科技（他們自認如此）。

在職涯的早期，企業家會大力仰仗原型來指引決策。他們通常會從書籍和同事的建議中吸收這些原型。例如，假設有個經驗不足、名叫麥克的企業家，正在面試一名叫湯姆的求職者。麥克可能會用他從外界資源吸收到的「成功員工原型」（有足智多謀、好奇心強、負責任、聰明等特質的人），來評估湯姆是什麼樣的人、可能為公司帶來什麼。麥克會仔細思考湯姆是否符合這些原型的特徵。這是一個經過深思熟慮的緩慢過程，目的在找出自己熟悉之處。

第二個心智模式是**範本**，基本上指的是某個類別的具體範例。例如，亞當・山德勒（Adam Sandler）是喜劇演員的範本。提到「亞當・山德勒」這個名字，人們會立刻把他歸類為喜劇演員。這並不表示他是目前最好笑的喜劇演員（在許多圈子都很難達到這個標準），但他是可以當作比較基準的喜劇演員。相同的情形也適用於「聖誕節電影」，這類電影的範本是《風雲人物》（*It's a Wonderful Life*）。

企業家獲得經驗後，大部分人會透過累積，得到各種概念的具體範例，而且會隨著時間愈來愈仰仗範本。使用範本能加快點子的處理速度。畢竟，如此一來，企業家就不必放慢速度，分辨每個擺在面前的新點子具備哪些獨特的元素。多數企業家只會接受符合範

範本模式

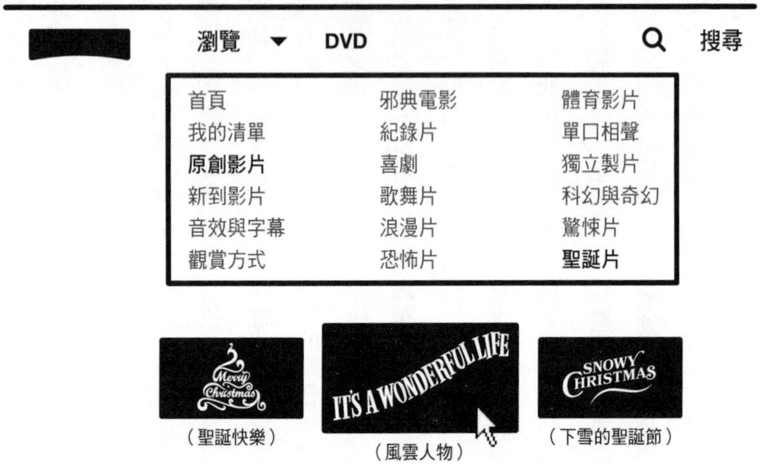

本、自己也熟悉的新點子。讓我們回到想一展抱負的湯姆，想像一下，他在第二關面試遇到有經驗的企業家。我們姑且稱這位企業家為莎莉。莎莉在職業生涯中和許許多多的人共事過，有好的，也有壞的，這些同事和朋友成為她的範本。莎莉會自動拿湯姆，和以前共事過最好或最大有可為的員工比較。一旦認定湯姆在某些方面和先前的傑出同事有雷同之處，她會馬上錄取他。

模式辨認的重要之處，有一點是讓企業家對機會的所在之處，發展出非比尋常的直覺。研究顯示，當企業家有充分的先備知識，便不再需要投入緩慢、謹慎的新點子搜尋過程。相反地，先備經驗提供豐富的範本資料庫，可在不知不覺中取用。

有經驗的企業家會根據**先前的**寶貴經驗，辨識出類似且有價值的點子。

簡單來說，有了範本，企業家就能有效率地辨識哪些東西和範本雷同，如此一來，透過刻意的學習和體驗，更能發現實用的新點子。

我之前提過成功參與許多科技公司、接二連三出擊的企業家凱文．萊恩。[11] 凱文學會用範本發想新點子。他告訴我，他是怎麼產生開設吉爾特這個網站的想法。「我在紐約第十八街經過兩百位排隊的女性。我問其中一人，為什麼大家要排成這樣。她說都是為了馬克．雅各布斯（Marc Jacobs）的服飾樣品拍賣會。」凱文立刻想到一個範本：販售折扣奢侈品、讓顧客不必大老遠排隊買樣品服飾的法國網站 Vente-privee。他仔細觀察隊伍，發現這個現象很可能不是歐洲獨有。還有成千上萬熱愛馬克．雅各布斯卻無法來到紐約，或是討厭排隊的潛在顧客呢？

簡而言之，他觀察到與成功範本雷同的東西。

另一個例子是美國政治人物暨企業家，同時也是國會最富有的議員賈萊德．波利斯（Jared Polis）。財務申報資料顯示，他的資產總值大約在一億八千四百萬至五億九千一百萬美元**之間**（美國政府喜歡讓事情的「範圍很廣」）。波利斯以網路企業家的身分賺進這些財富。他就讀普林斯頓大學時，成立了一間網路服務供應商，後來以兩千三百萬美元被收購。接著，他創立了藍山祝賀公司（Blue Mountain Greetings），在第一波網路熱潮爆發時被收購，這一次，收購價是七億六千萬美元的現金和股份。他甚至開了一間叫 ProFlowers.com 的花卉公司，後來上市，最後以四億三千萬美元賣出。彷彿這還不夠，他成立了特許學校聯盟，跟其他人一起創立備受關注的新創事業育成公司 TechStars。

今天，賈萊德·波利斯最為人熟知的身分是作風古怪的國會議員（他特別愛穿高領衫，也是超級電玩迷），目前正在競選科羅拉多州州長。有天晚上，我們在 Skype 上聊他之前都是怎麼發現新的商業點子。

如我們討論過的研究所顯示，經驗和知識結合，能使辨識新點子的過程或多或少變得「自動化」。有一天，賈萊德要送花給朋友，但價目表令他退卻。**為什麼花這麼貴**？他沒有農業方面的經驗，也沒有做過花卉生意，但他明白一門好生意不該是這樣！而且他知道很多公司（範本），因為改做直效行銷（direct-to-consumer）而獲利。

於是他在美國各地奔波，研究供應鏈：「我造訪了花農、花市，也造訪了經銷商。我跟許多的業界人士談過。」他的任務是要瞭解，在這整個過程中，價格是在什麼環節開始暴漲。

結果，一個全新的花卉公司模式誕生了。「專業花卉公司」（ProFlowers）**直接**將花從花農送到顧客手上，不需要中間人，也不需要中盤商，能夠以較便宜的價格售出較新鮮的花，創造上億的產值——這一切，來自表面看似靈機一動的過程。

經驗有助於產生類似的點子，但如果你缺乏經驗呢？這個嘛，企業家還有另一個發展範本和原型的方法。創意人士也可以藉由刻意吸收（請參考錄影帶店員泰德的例子），達到類似的結果。我們不需要有直接的經驗，也能發展先備知識。結果證明，**觀察**可以達到跟發展範本和原型差不多的效果。

已經有研究發現，針對手邊正在處理的領域，成功的企業家會把重點放在吸收第三方資料。另一項研究發現，比起一般全國性的企業經營者，企業名人堂的成員更有可能從閱讀貿易和業界優勢刊物中，找到新商業點子的靈感。範本不是來自於對訊息**照單全收**。範本的產生，是因為吸收高度相關的資料，牽涉到企業家本身涉足或考慮進場的領域。

透過大量吸收，連續出擊的企業家發展出一套珍貴的範本——即便像凱文・萊恩和瑪蒂娜・羅斯布拉特，轉換到全新或不熟悉的產業，也辦得到。之後，這些範本讓他們找出大有可為的新點子。

新落腳處

許多年來，尤其是現在，泰德・薩蘭多斯（Ted Sarandos）持續吸收著大量資訊；以他來說，大約每天看三到四小時的電影和電視節目。[12]但他現在觀看的地點在一個很不一樣的地方：比佛利山莊一間位在角落的辦公室（譯註：corner office 通常是主管辦公室）。泰德現在是 Netflix 的首席內容長，在他的管理之下，Netflix 從 DVD 出租商轉變為原創節目商，推出《怪奇物語》（*Stranger Things*）和《勁爆女子監獄》（*Orange Is the New Black*）等熱門影集，已經拿了四十座艾美獎。

不過，讓我們回到幾年前，泰德從大學輟學，成為那間錄影帶出租店的總經理，後來進入一間錄影帶經銷商，擔任高階主管，而且二〇〇〇年，Netflix 找他去負責管理所有的內容採購事務。回顧過去，他形容當錄影帶店員的日子，恍如「電影學校和企業管理碩士課程二合一」。

今天，薩蘭多斯在一間以推薦演算法聞名的公司做事。他開玩笑說：「當時我連演算法是什麼都搞不清楚，就已經使用了好幾年。」吸收讓他有能力瞭解觀眾和創造觀眾在意的內容。

藉由吸收大量資料，泰德如今成為擁有大量範本資料庫的人。這給了他能力，有效處理新提案和新點子，立刻辨識這些提案和點子是原創還是借來，**夠不夠**特別、**太過**特別，還是介於兩者之間。因此，泰德和他的團隊有能力辨識落在創意曲線中理想位置的內容。就如泰德所描述，這樣的內容「一腳踩在熟悉感上，一腳踩在新鮮感十足、前所未見、非常新穎的事物上」。

令人驚訝的法則

找出觀眾熟悉的點子，是商業創意背後的一項基礎。

在訪談當今成功的創意家過程中，我發現一個令人驚訝的模式。泰德・薩蘭多斯大量觀看電影，還有其他重要企業家鎖定產業，專注吸收資訊，完全不是偶然的行為。不論我訪問的是畫家、廚師，還是作曲家，最後都會聽到同一個差不多的故事。畫家出現在許許多多的藝術展覽中。廚師在最新潮的餐廳用餐，造訪農場和食品展。作曲家則不管新舊，都不斷聽音樂。

這些創作藝術家通常忙得不得了，但他們每天還是會持續花三、四個小時（大約相當於清醒時間的百分之二十），從事這類吸收活動。這類經驗讓他們發展出瞭解點子落在創意曲線哪一邊必須擁有的範本，自然到彷彿出於直覺。

我將這個現象稱作**百分之二十法則**（20 percent principle）：用百分之二十的清醒時間吸收創意領域的資訊，即使缺乏實際經驗，你也可以培養出直觀、專家級的洞察力，明白某個點子的熟悉程度，也就是點子落在創意曲線的什麼地方。

我先前解釋過，研究發現，要精通一門手藝，我們得投入無數個小時帶著目標練習。百分之二十法則不同——這項法則不會讓人做出完美的歐姆蛋、學會拉小提琴或成功投籃。百分之二十法則的重點不在於實際行動，也不在於肌肉記憶，而是能讓我們辨識出熟悉感恰如其分的**點子**。我們還需要發揮**執行**那些點子的技能（或聘請能辦到這件事的人），但百分之二十法則提供了靈光乍現所需的初步動能。

簡單來說，百分之二十法則讓你運用創意曲線。為了創造熟悉的內容，創意人士通常會用上淵博的知識庫。如果你是一名作家，一定要知道你書寫的這個類別，讀者已經讀過和喜歡哪些書籍。如果你以繪畫維生，你要瞭解你最近的畫作有沒有落在創意曲線的理想位置上，有沒有落入平庸、過時的風險，或是從另一個角度看，顯得前衛得無可救藥。

吸收提供燃料。但你要怎麼轉換燃料，讓點子浮出意識呢？

網路巨擘

康納・弗蘭塔（Connor Franta）的外表是二十幾歲最潮的洛杉磯人：身穿緊身褲、設計師款T恤，使用人手一支的 iPhone。[13]

他在明尼蘇達州土生土長，要是他走在街上，大部分人都不會多看一眼。但如果他經過一群青少女，你會聽到尖叫聲，甚至可能看見一、兩個人昏倒在地。

弗蘭塔是知名的 YouTuber，從二〇一〇年開始張貼影片，那時他才十七歲。現在他的影片訂閱人數超過五百萬，每支影片都有五十萬的觀賞人次。

他還寫過兩本登上《紐約時報》暢銷榜的傳記，推出過服飾、咖啡品牌，創立一間由索尼發行的唱片公司，專門媒合新興音樂家和具影響力的社群媒體人士。

弗蘭塔成為新型網路巨擘，他將這件事歸功於對自己觀眾的瞭解：「我知道自己喜歡什麼，而我在 YouTube 上活動的這些年，發現人們喜歡我喜歡的東西。」

一名來自明尼蘇達的青少年，是怎麼獲得這種能力？

這個故事也是從吸收開始。

「我還沒開始拍 YouTube 影片，就在看影片了。」弗蘭塔解釋：「我看了一大堆 YouTube 玩家的影片。就某方面來說，在我還沒投入之前，就已經深入研究並瞭解 YouTube 的生態了。」

弗蘭塔和泰德・薩蘭多斯一樣，是吸收讓他培養出洞察觀眾熟悉什麼的能力。「有牽引力的影片，談的向來是任何人都會產生共鳴的主題，尤其對我多數的觀眾而言。我發現人們總是希望我聊愛情或是少男少女關心的事物。」

弗蘭塔還發現，新鮮感在他的成功過程中扮演非常重要的角色。單單瞭解他的觀眾，以及他們會產生共鳴的影片類型有哪些，這樣還不夠。不，他得提供一點新奇的變化。

時機站在他這邊。他想出簡單又能引發共鳴的點子，其中許多影片本身就很新穎。那時，YouTube是尚未開發的新領域，弗蘭塔解釋：「上面沒有規則，我必須建立標準。」他觀看大量影片，明白他的觀眾看過哪些內容、沒看過哪些內容，為他理出一條路，打造具原創性又有辨識性的內容。弗蘭塔在無意識的狀態下運用了創意曲線。

弗蘭塔還製作一系列的影片清單，〈對心儀男生說的十件事〉（10 Things to Say to a Boy You Like）就是其中之一。這些影片命中那些十來歲的少男和少女觀眾，累積了上百萬的觀賞人次。從那時起，弗蘭塔的影片就一直被成千上百名YouTube玩家抄襲。

因此，想出點子的過程中，刻意和覺察的程度有多高呢？和我談過的創意人士（例如康納）通常會注意到，培養並提升吸收的直覺，需要什麼樣的技巧。儘管如此，他們還是會提到頓悟的時刻，彷彿奇蹟。

康納．弗蘭塔跟保羅．麥卡尼一樣，也用靈光乍現來描述自己的創作過程：「老實說，我得到的任何點子就這樣發生了。要拍YouTube影片的時候，如果我到咖啡店去，可能會在那裡想出點子，因為我會看到某件事發生；我也可能看到天空中的某些圖案，腦中忽然出現一個服裝設計的點子，這時我就馬上畫出來。點子就這樣發生了。」

他的創作過程，跟許多領域的創作過程毫無二致。前年某一天，我到馬里蘭州近郊跟荷西．安德列斯（José Andrés）碰面。他是有名的廚師，跟商業夥伴羅伯．懷爾德（Rob Wilder）在全球經營二十多家高檔餐廳。此外，他們也開了「牛排」（Beefsteak）這間快速慢食連鎖店，還有一家西班牙包裝商品店，而且他們有一家叫「迷你吧」（minibar）的複合式美食實驗餐廳，摘下兩顆米其林星星。

早上九點整，我把車停在一間超級時髦的屋子前面，安德列斯的助理在那裡歡迎我。當我聽見樓上的地板吱嘎作響時，我發現這時把知名大廚吵醒是我的錯。沒多久，操著濃濃西班牙口音、有著遊樂場孩童快速說話風格的安德列斯，領我走進他的廚房。

我們坐在吧台邊，深談創意這個話題。「創意的開端就像宇宙大爆炸。為什麼會發生？我們還不清楚。」

他抬頭往上看，說道：「有人要咖啡嗎？」

他拿出一個食物秤，仔細測量濃縮咖啡的完美分量。

我們言歸正傳，安德列斯解釋自己及其他創作者，是如何吸收自身領域的資訊。他喜歡參加廚師大會，因為可以觀察到最新技術，盡可能地把新食材的相關資訊統統學起來。

聽他說，他的食譜靈感也來自靈感突然浮現。

安德列斯說：「我從來就沒喜歡過瑪格麗特調酒的鹽邊，通常太多了。」有一天，他想到一個點子。他和太太在度假，躺在海灘上。「我們看著海浪拍擊海岸，我心想，那些海浪在嘴唇上嘗起來不知鹹淡如何。於是我有了靈感！」身為食糖（一種粉狀乳化劑，能讓料理產生有趣的泡泡）的長期使用者，他突然想到，如果把鹽乳化，不知道會怎麼樣？

杯緣不用再撒鹽了！安德列斯繼續說：「只有鹹鹹的海泡，浮在你的瑪格麗特上面。」那一刻，現在很受歡迎的鹽泡瑪格麗特誕生了。

安德列斯跟我訪問過的其他創意人士一樣，經歷了極像靈感神祕湧現的時刻。可是，如果創意曲線提供了清晰的消費者喜好藍圖，這些靈光乍現的時刻為什麼還是存在呢？為什麼創意發想不是一個有意識的過程？更重要的是，我們有沒有辦法學習在生命中創造頓悟的時刻？

潛移默化

想像你在一個大房間裡，物品四處散落，當中有一張椅子和一張桌子，上面放了一根末端有彎鉤的棍子、一支扳手和一條延長線。房間的一邊，有一條很長的繩子，從天花板垂到地面上。還有一條長度相同的繩子，掛在對面的牆上（見圖A）。

這不是恐怖電影的場景，而是經典心理學研究的環境設定。[14]研究人員問受試者的問題很簡單，至少表面上如此：「你能把兩條繩子綁在一起嗎？」這個問題很有挑戰性，主要是因為這兩條繩子擺放的位置。舉例而言，如果受試者

A

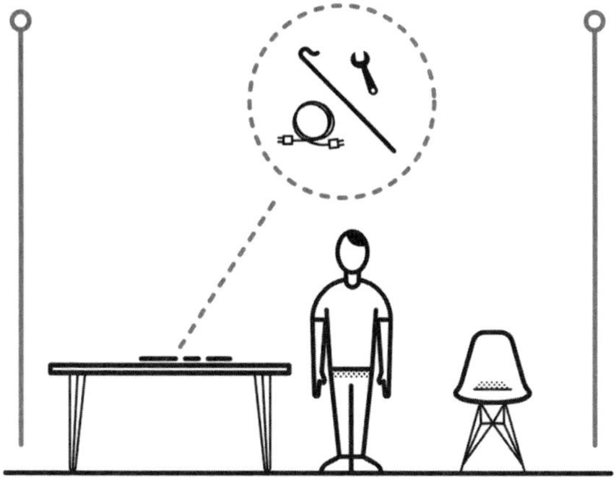

B

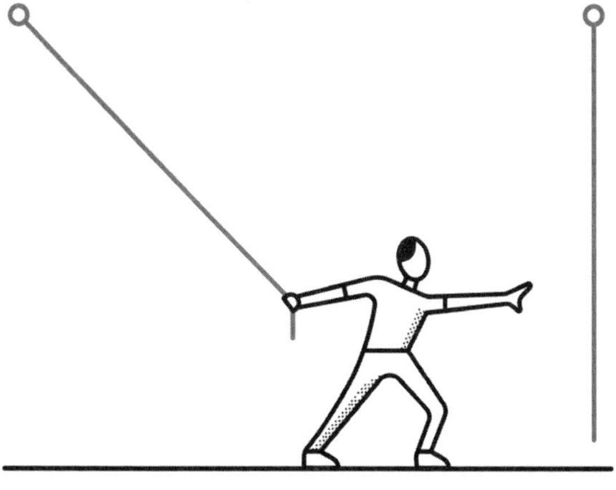

C

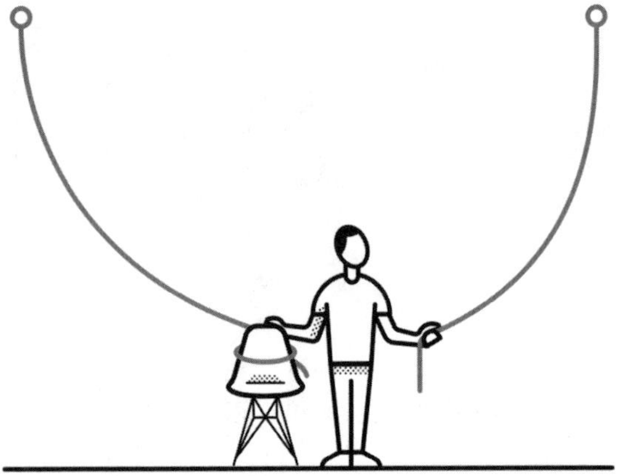

抓起一條繩子，盡可能朝另一條繩子的方向走過去，他就是無法走到那麼遠（見圖B）。

受試者被告知，可以運用房間裡任何派得上用場的物品，也可以使用他們想到的任何技巧。你能想出解決方法嗎？（其實，答案不只一個。）

如果你想出超過一種答案，恭喜你，因為大多數人都想得很辛苦。現在，嘉許你之前，我得讓你知道一件事：總共有**四種**答案。只要受試者想出一種辦法，一名研究人員就會上前告訴他：「現在，用另一種方式綁。」直到他們把四種辦法都找出來為止。

以下是第一種：將繩子綁在有重量的物體上（可以用那張椅子），然後把重物放到兩條繩子中間。接著，把另一條繩子拉過來綁住（見圖C）。

以下是第二種方法：你可以用延長線讓其中一條繩子變長，然後走到另一條繩子那邊綁好（見

D

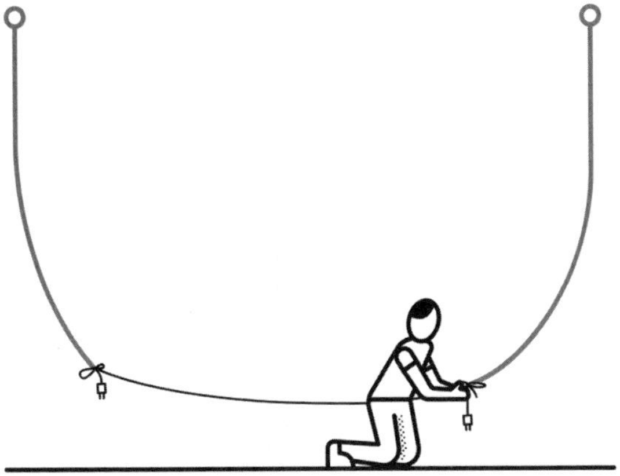

圖D）。

第三種，你可以一手握住一邊的繩子，然後用棍子把另一條繩子勾過來（見圖E）。

第四種，你可以將扳手綁在一條繩子上，像鐘擺一樣來回搖晃。趁著繩子前後擺動時，把另一條繩子牽過來（見圖F）。

第四種是研究人員最感興趣的方法，因為這個方法含有轉換的成分：你必須將繩子變成一樣新的東西——鐘擺。在四種方法裡，這是最違背直覺的方法。

整個研究中，只有百分之四十的受試者能在沒有外力協助的情況下想出四種解決方法。

如果十分鐘過去，實驗對象還沒想出第四種解決方法，研究人員就會開始提示他們。[15]第一個提示很微妙：研究人員會穿過房間，不經意地用手拂過繩子，讓它擺動。

E

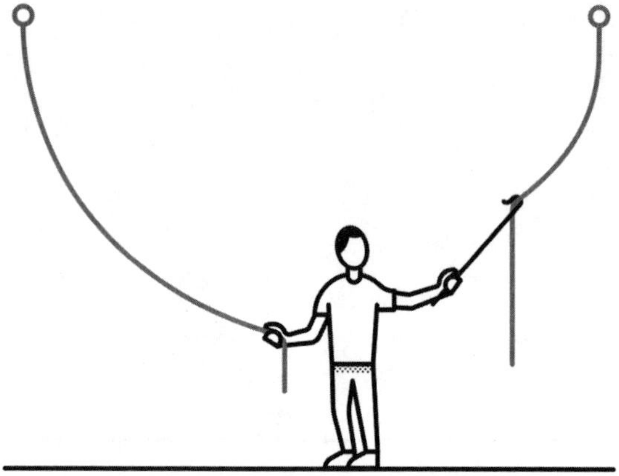

F

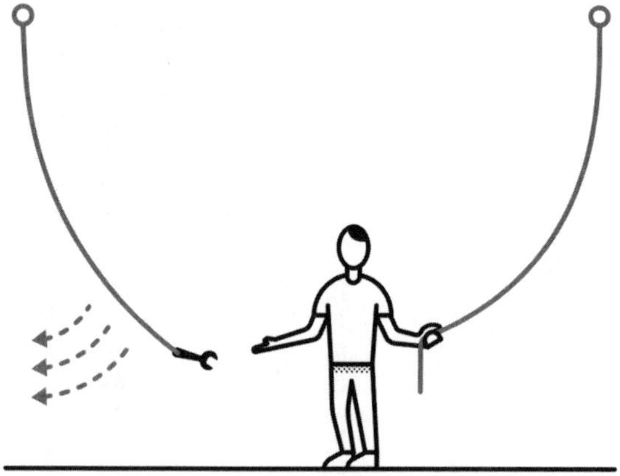

這個提示讓很多受試者立刻想出最後一種解決方法。平均來說，研究人員給了這個微妙的提示後，受試者不到一分鐘就會想出答案。

奇怪的是，只有一個學生**有意識地**注意到這個不易察覺的提示。即使後來告知研究人員做了什麼，其他學生都聲稱，拂過繩子和微微的晃動對他們發現第四種方法完全沒有影響！其實大部分人都說，這個用扳手解決的方法是在一個所謂**靈感**的時刻冒出來的。

即使受試者都沒注意到，這個微妙的提示還是讓他們產生頓悟的時刻。

兩條繩子的實驗讓我們明白兩件事。首先，解決方法經常偽裝成頓悟的樣子，出其不意地冒出來。再來，也是比較重要的一點，即使想出這些解決方法，「感覺」像是突然發揮了天賦，通常還是有一個讓我們獲致靈感的原因。那些學生或許沒注意到，但是他們都在無意識中，受到繩子微微擺動的影響。

這項實驗結果對創意形成的探討，可謂意義重大。如果科學家能讓受試者產生靈感，我們也有辦法自行創造靈光乍現的時刻嗎？

頓悟的科學

請花一點時間研究下面這三個字：

溜　水　淇淋

你能想出一個字，加在這三個詞旁邊，就能產生意義嗎？

答案是「冰」（溜冰、冰水、冰淇淋）。

如果你想出答案，你是怎麼辦到的？就這樣立刻浮現在腦海裡嗎？還是，想了各種可能的答案？如果完全想不通，那你是用什麼方法試著解答呢？

這種類型的字謎對科學家一向很有吸引力，因為人們可以根據個人經驗，用**邏輯分析**或**頓悟**來找出答案。

邏輯分析很直接：你推敲某個字能不能「用」，然後用邏輯充分思考字謎，一步一步解謎。

頓悟是我們在這本書提過的天分突然發揮。用這種方法解謎時，一看到或稍遲一點，就會想出答案，未經過有意識的思考。

由於這類謎題，用兩種方法都能解開，所以研究人員可以從中瞭解頓悟的科學。

艾德華．波頓（Edward Bowden）是威斯康辛大學帕克塞德分校的研究人員。[16] 他和來自西北大學創意大腦實驗室（Creative Brain Lab）和卓克索大學的團隊合作，希望瞭解頓悟時刻背後的神經科學。這些時刻真的是神奇的經歷嗎？還是可能有生物科學上的解釋？

在他們的研究中，有一部分是要求實驗對象一面解決好幾個這樣的字謎，一面照腦電圖機（能快速偵測大腦發生腦電活動的時刻）或是功能性磁振造影儀（提醒一下，這台機器能測量腦部的血液流動，清楚標出大腦**什麼地方**發生活動）。波頓和他的團隊希望藉由這些機器，看出大腦在頓悟時刻，**什麼時候**跟**什麼地方**會活絡起來。

照腦電圖機時，受試者戴著會顯示一道字謎的護目鏡，有三十秒的時間可以解謎。一想出答案，研究人員就會問他們答案是因為頓悟，還是邏輯分析得來。百分之五十六的答案歸因於頓悟時刻，百分之四十二歸因於邏輯分析，而剩下的百分之二兩類都不符合。至少從表面來看，這兩種方法差異非常小；不管經歷哪一種，大約都會在十秒後發現解決之道。

但是腦電圖紀錄卻顯示完全不同的情況。

在一般認知中，大腦涉及感知和語言活動時，伽瑪腦電波會活絡起來。這是科學家最有興趣研究的腦波之一。

當受試者藉由突然發揮的天分來解決問題時，伽瑪波會在他們想出答案**前**的〇．三秒突然產生。研究人員相信，這種腦電活動信號會在答案浮出意識時爆發，代表「突然懂了！」。

意思是，頓悟時刻有自己獨特的腦波模式。你是否曾經看著某個縱橫字謎遊戲，無法想出答案？然後突然間，答案就降臨在你身上？突然想出解答的這種感覺，反映在伽瑪波的活動上。

所以，答案究竟是從**哪裡**來的？

為了弄清楚，波頓和研究團隊再次實驗，用功能性磁振造影儀觀測實驗對象。他們發現，當受試者表示他們經歷了頓悟時刻，大腦右半球便出現活動。天分突然發揮不只有獨特的腦電波模式，也出現在特定的位置。

討論「左腦」和「右腦」也許是陳腔濫調，但如果我們想要瞭解創意點子的源頭，就無法忽略。

一般來說，左腦是我們處理事物主要意義的地方。我們在這裡擷取明確或與脈絡相關的詞彙與概念定義。當某個人問我們天空是什麼顏色，左腦會大喊：「藍色！」左腦也是處理邏輯分析的地方。舉例來說，有人要我們解開複雜的數學題時，左腦就會活絡起來。為什麼？因為要解決X變數的問題，我們必須在一步一步解開問題之前，先將特定的相關概念帶到意識最前端。由於我們必須有意識地處理某樣東西，這個過程通常感覺比較緩慢。

右腦儲存的東西較帶有譬喻的聯想。研究顯示，右腦在我們聽到笑話（如用雙關語編造的）或試著理解譬喻時，會活絡起來。右腦處理問題的方法是在看似不同卻有基本共通點的概念之間，搜尋兩者的關聯性。這個過程發生在潛意識，所以右腦搜尋關聯性時，我們不會注意到。有時候運作得很快，比如當我們聽到單口相聲的表演，會自動明白哪裡好笑（或不好笑）。有時，右腦會在潛意識持續解決某個問題，很久之後才發現解決方法。由於右腦的運作發生在一般意識層之下，所以當它真的想出答案時，我們很少會注意到右腦發揮了作用。這說明為什麼我們往往在較無意識的情況下，經歷這個過程。

波頓解釋：「右腦跟左腦一樣一直在處理語言，但我們要說的是，左、右半球的大腦結構稍有不同，左半球的連結距離較短、程度較強、聯想較直接，而右半球的連結距離較長、程度較弱、聯想較遠。如果我說『蟲』，你可能會有意識地想到『釣魚』和『蚯蚓』——這時左腦活絡起來。但在右腦，我說蟲的時候，你可能會想到釣魚和蚯蚓，但也想到了『書蟲』和『蟲蟲軟糖』，甚至想到『耳蟲』（earworm，這個詞指的是在腦中揮之不去、不斷重複的歌）。」

我們也不會有意識地切換左、右腦的處理過程。相反地，我們的大腦會同時在**兩個**半球處理問題；差別在於，如我之前提過的，右腦的處理過程一般發生在意識認知層之下。我們甚至沒意識到大腦在做什麼——這就是為什麼所有看不見的運作過程，最後都會產生我們以為的頓悟時刻。

研究人員相信，這種靈光乍現的時刻有三個源頭。

第一個我稱為**淋浴時光**。在這個情況下，你的右腦可能已經有了解答，但左腦的活動把大腦占滿了。一旦左腦的邏輯處理無法得出答案，左腦的活動就會漸漸消失。只要左腦的活動程度低於右腦，答案就會從右腦冒出來，像魔法一樣。原來如此！

這說明了為什麼我們睡醒、出去跑步或淋浴時，通常會體驗到有如「天分突然發揮」的情況。一般來說，這時大腦沒有被想法壓得喘不過氣，於是我們有了突然受到啟發的經驗。可是，如果你想知道真相，這只是因為左腦塞滿亂七八糟的念頭，現在腦袋清空了，長時間滲透右腦的點子便得以浮現。

靈光乍現的第二個來源是**結合**。此時，你的右腦知道某個概念無法提供令人滿意的答案，所以在潛意識運作中，結合各種概念。如果右腦有辦法將感覺會得出答案的東西編在一起，就會活絡起來。這樣突然爆發的腦部活動，製造出天分突然發揮的感覺。

我們從兩條繩子的實驗學到，頓悟時刻的第三種源頭跟**刺激物**有關。在這個情況下，環境因素會在潛意識中激發和右腦儲存事物的連結。舉例來說，如果我們陷在解不開的縱橫字謎裡，一個小時後走路經過布告欄，在上面看到我們在找的字，很可能產生靈光乍現的經驗，根本沒察覺我們實際上看到了那個缺少的字。

這三種方法都發生在人類一般的意識之下。所以，這些解決方法往往讓人覺得很神祕，以為是天上某位好心的神賜予的，就不值得大驚小怪了。實際上，這不是魔法，而是生物學。波頓解釋，頓悟時刻只是「正常的認知過程，但產生的結果讓人意想不到罷了」。

拉花藝術與大腦處理過程

現在我要你想像自己跟一個朋友坐在擁擠的咖啡店裡。

你在喝一杯精心調製的卡布奇諾（咖啡師在奶泡上畫了一個愛心），跟朋友聊天敘舊。旁邊的那一桌，有一對情侶正在講私密的話題。他們的桌子離你不到一公尺，但你聽不清他們在說什麼，畢竟你的注意力放在朋友和卡布奇諾上。

忽然，你聽到那一桌有人說出你的名字。

你也情不自禁地偷聽了他們的對話幾秒。你很快就發現他們說的不是你，而是別人，你把注意力拉回到朋友和心形拉花上，隔壁桌的對話逐漸隱沒在背景當中。

你的大腦有一個核心能力，就是過濾周遭的世界，只留意**重要**的事物——**要緊**的事物。就神經科學而言，**重要**的定義是某個可能帶來傷害或帶來幫助的事物。你的大腦不斷掃描周遭的世界，察看有沒有這類訊息。當大腦決定某個人、事、物不會傷害，也不會幫助你，大腦就會快速忽略這些刺激物。

大腦是怎麼辦到的？大腦同時運用記憶和心智模式，持續評估某個人、事、物，是不是潛在的危險或獎勵來源。我先前寫過，大腦透過測量某樣東西有多熟悉或多新奇，來做到這一點。

舉個例子，讓我們回到那間咖啡店。有可能你走進去的時候，沒有留意到裡面的椅子。畢竟那只是椅子！但是如果它們跟你自家廚房的椅子一模一樣呢？我幾乎可以保證，你的注意力會轉到那些椅子上。

這個認知過程是怎麼運作的？

波頓解釋，看見認識的椅子會「自動活絡已經存在的記憶，但你不會去想：『天啊，那是什麼椅子？』」這種活絡現象，通常會強到突然讓你意識到。另一方面，假如你看見一張椅子，完全不符合你對一般椅子的印象（也就是椅子的原型），你也會注意到這張椅子，因為大腦會努力辨別你到底在看什麼東西，還有這樣東西是否安全。

跟範本相像的物體，還有跟我們儲存的原型不一樣的物體，會在大腦中激發大量的活動。

這種察覺的概念很重要，因為它能解釋人們為什麼認為突然產生深刻的見解是件神奇的事。由於我們沒有察覺過程中付出的努力，感覺便像是輕而易舉。

頓悟時刻看似超自然的另一個原因是，人們以為很多**絕佳**的點子來自頓悟時刻。人們談起發揮創意的過程時，都將**最佳**點子的出現描述成沒什麼來由，類似先前提到的淋浴時光。有一項調查（當然是衛浴公司做的）發現，百分之七十二的顧客表示在淋浴時想出解決問題的方法！[17] 他們不記得同樣在早晨淋浴時想出來的超爛點子，大腦在潛意識就丟棄了。這表示大部分人傾向把頓悟時刻跟寶貴的點子結合在一起。

我發現很多我訪問過的創意人士，同樣會推崇自己頓悟的那一刻。

前年某個晚上，我到冷冷清清的馬里布市，跟麥克．艾因席格（Mike Einziger）在一間希臘餐廳共進晚餐。[18] 他是「重擊」合唱團（Incubus）的共同詞曲作者和吉他手，這個樂團是當今唱片銷售額最高的另類搖滾樂團，唱片銷量超過兩千三百萬張。麥克也為管弦樂隊作曲、擔任其他音樂家的製作人，還跟電子藝術家合作。例如，他和艾維奇（Avicii）一起創作了熱門電子歌曲〈搖醒我〉（Wake Me Up），單曲銷量達一千一百萬張。

艾因席格本人卻常常被人誤認為研究所學生。他留著一頭亂七八糟的長髮，就算在大學的四方庭院漫步，或在學校圖書館的書架間讀書，也不會顯得太突兀。其實，他這麼做已經好多年了。他暫時離開搖滾明星的生涯，到哈佛大學攻讀物理學。

艾因席格舉了重擊合唱團最紅的一首歌〈驅車向前〉（Drive）為例。當初，他體驗到一股靈光乍現，這首歌的旋律就找上了他。他把歌曲拿給共同詞曲作者及主唱布蘭登．波德（Brandon Boyd）聽。歌詞很快就產生了。他說：「我記得自己坐在車裡，布蘭登誇張地唱了出來，最後譜成一首歌。」過程中好幾次靈感閃現的情形，讓這首歌帶有幾近魔法的特質。兩位詞曲創作者沒有爭吵，也沒有打架；這首超紅的歌就這樣「寫出來」。

為什麼呢？假如頓悟時刻可以追溯到簡單的生理經驗，比起透過邏輯分析得出的點子，為什麼頓悟時刻產生的點子通常令人**感覺**較好？我問波頓這個問題，結果他和創意大腦實驗室的研究夥伴，也很想找出答案。

他們和義大利研究團隊合作，使用好幾個可以靠邏輯分析或靈光乍現得出答案的謎題，然後評估兩套答案的正確性。[19] 結果，人們相信頓悟時刻很特別的原因在於，**真的很特別**！研究團隊發現，比起運用邏輯分析得來的答案，看似因為天分發揮而得到的解答，命中機率比較高。

原因很簡單（而且並不神祕）。使用邏輯分析的方法，大腦會在有意識地辛苦解決問題時，讓你接觸到零散而不完整的答案。這時候，你通常注意到點子的錯誤之處，但要是你對某樣東西不確定，你可能會冒險猜測。如此一來，答案就未必正確。

相反地，頓悟時刻通常只發生在右腦找出完整而正確的答案時。由於我們不會注意到右腦是怎麼努力找出答案，也不會注意到它在潛意識丟掉不好的點子，**感覺**起來，頓悟這類處理方式彷彿總是得出正確答案。這就說明，為什麼頓悟時刻通常讓人有「天分突然發揮」的經驗。

不管我們是在討論康納．弗蘭塔看天空時突然想到服裝設計的點子，還是保羅．麥卡尼某天早上醒來心裡就有了〈昨日〉的和弦，天分突然發揮絕非神祕經驗，反而是大腦在潛意識處理並解決問題的正常過程。跟透過邏輯分析得到解決方法相比，這種方法的命中機率較高，於是我們的文化便以這些「天分突然發揮」的事蹟為中心，建立起一個神話。問題在於，就算很了不起，這些神話也只是正常的大腦功能。最棒的是，這些功能是可以加強的。

奠定基礎

我訪問的創意藝術家都符合百分之二十法則，因為這項法則是讓頓悟時刻蓬勃發生的必要基石。先備知識的累積讓大腦擁有眾多例子和概念，藝術家再加以利用，揭示出不為人知的洞見。

波頓解釋建立先備知識的重要性：「我認為人們面對深刻的見解時，多半有個問題。如果他們認為它是個神奇的過程，就不會努力想出深刻的見解；但其實只需建立一定的知識水準。在缺乏認識的情況下，你無法對某件事物產生深刻的見解。」

有句話值得一再提醒：**「在缺乏認識的情況下，你無法對某件事物產生深刻的見解。」**頓悟時刻催生了不少建立在創造力之上的神話。同時我們也瞭解到，比起一步一步用邏輯分析的尋常過程，頓悟時刻通常比較容易命中，也比較好，所以頓悟時刻的力量和人們的大肆炒作，都有幾分真實性在。

然而，這是一項正常的認知功能，也可以加以提升並練習。

想要成為傑出的作家？開始閱讀你能拿到的書本吧。需要在劇本裡寫出更有火花的對白？開始在咖啡店聽人們說話吧（但不要鬼鬼祟祟地聽）。想要成為傑出的電視節目製作人？每日每夜看電視吧。百分之二十法則提供了大腦產生頓悟時刻所需的原料。我們需要記憶和心智模式讓右腦運用。少了這些素材，潛力就被關閉了。

大量吸收是各種創意產業常見的要素。康納．弗蘭塔花了好幾年的時間觀看無數支YouTube影片。優秀的企業家尋找下一門有利可圖的生意時，會在過程中吸收貿易和產業資訊。荷西．安德列斯出席食品和餐飲界的會議，來吸收新技術並認識最新食材。

百分之二十法則不僅提供大量範本，讓天分突然發揮成為可能，也讓創意人士透過文化意識，明白哪些東西會成為熟悉的事物。泰德．薩蘭多斯在錄影帶店工作的經驗，讓他瞭解什麼樣的故事、編排、結構，讓觀眾覺得跟他們喜愛的電影相似。他之所以能在原創節目領域帶領Netflix進入不同凡響的境界，方法就是瞭解某個點子在當時和現在會落在創意曲線的哪個地方。

如果你的目標是大舉成功，第一步就是投入你感興趣的領域，盡可能接觸、吸收相關內容。這樣能讓你找出類似先前成功經驗的點子。

但稍等一下。在你開始讀書、聽音樂光碟、看電影或電視節目之前，我要指出一個可能難以解決的複雜問題。

我們當中有很多人已經吸收了大量的資訊。根據美國勞工部的資料，美國人每天平均看三小時的電視節目，相當於清醒時間的百分之二十。

表面上，要說電視節目有哪些行得通、行不通，大部分美國人不是已經按照百分之二十法則取得相關經驗了嗎？

如果大家都看了大量的電視節目，為什麼我們之中就只有某些人能打造出爆紅的節目呢？

吸收主要的角色是幫助我們找出某樣東西的熟悉程度。可是從創意曲線來看，你還要**營造**適當的新鮮感。光是辨識新鮮感還不夠；還得加入**恰恰好**的分量。要做到這一點，創意人士其實固定從事一項大家料想不到的活動：模仿。

第8章

第二項法則：模仿

從九歲開始，貝芙麗．詹金斯（Beverly Jenkins）就開始走十五個街區的路程，到位於底特律東區、格拉希厄特大道和伯恩斯街交叉口的馬克吐溫圖書館。[1]

在貧窮人家長大、排行七個小孩中老大的她，很早就發現書本是逃避的好方法。「書本可以帶你到全世界，」她告訴我：「讓你看見其他人，還有其他地方。雖然我們家在關愛、精神、支持等等，不虞匱乏，但經濟狀況不富裕，而這些書是免費的。」

接下來七年，她每週六都到圖書館借新書。她不再去圖書館，不是因為她不愛閱讀，而是她努力讀完了圖書館的**每一本**書。

起初，當她告訴我她讀完每一本書，我以為她是用誇飾法強調這一點。不，她是認真的：「科幻小說、《火星紀事》（*Martian Chronicles*）、《沙丘》（*Dune*）、非虛構作品、西部小說、贊恩．格雷（Zane Grey）的書……圖書館有的，不管什麼，我統統都讀。」

詹金斯經歷一段密集閱讀的時期，讓她對書本和圖書館產生無法磨滅的愛。研究所畢業以後，她在藥品公司的諮詢櫃台工作，但還是持續大量閱讀，尤其是從一九七〇年代開始、如雨後春筍般出現在書店書架上的言情小說。

很多最受歡迎的言情小說屬於「歷史愛情類」。讀者大量閱讀有關皇后、公主、維多利亞時代禁忌戀情的故事。詹金斯沒多久就看出問題：這些書本裡的角色幾乎全是白人。市面上沒有非裔美國人的歷史愛情故事。因此，她做了一個決定：她要打造**自己**想讀的書。在她的構思中，這本書要說的故事是美國內戰時期，在全是黑人的第十騎兵隊裡，有一名非裔美國軍人愛上一名鄉下學校的老師。

詹金斯把這本書寫完了，但她面對一個無力的情況：主流出版商沒有真正接受以非裔美國人為主角的小說，至少那時還不接受。她有一個同事，也是言情小說的忠實書迷，同樣一直在寫自己的作品。當她想辦法把作品賣給出版商時，詹金斯印象深刻，於是把自己也寫了一本小說的事告訴同事。

這名同事堅持要看詹金斯的作品。幾天後，她告訴詹金斯，她得**立刻**找到一家出版商出書。

詹金斯不免懷疑，但她找到一名作家經紀人，由經紀人幫忙在城裡四處投稿，直到拒絕信把家裡牆壁統統貼滿。一天電話響起，是雅芳圖書公司（Avon Books）的編輯打來的。

詹金斯回憶：「接下來的事就無須複述了。」

她的小說處女作《夜曲》（*Night Song*）出版時，從書店的書架躍升主流報刊評論。《時人》（*People*）雜誌用五頁的版面介紹詹金斯，而且佳評如潮。詹金斯似乎成為黑人歷史言情小說這個新類別的帶頭先鋒。

詹金斯創造了某個熟悉（歷史言情小說）、卻又不同（加入黑人角色）的東西。在她寫書的年代，出版商終於開始在出版界加入較多非裔美國人的聲音。詹金斯毫不知情，卻擊中創意曲線的甜蜜點。從那時起，她繼續寫了多本小說，總銷量達一百五十萬冊。

在美國的小說市場，言情小說占超過三分之一，每年銷售額超過十億美元，是所有大型出版商重要的利潤中心。[2] 有歷史言情小說、奇幻言情小說、情色言情小說，還有許多不同的類型。百分之八十四的言情小說讀者是女性，而且多半是中年婦女。

不過，言情小說有個常見的批評，就是落入俗套。

莎拉．麥克蓮（Sarah MacLean）是《紐約時報》暢銷排行榜上有名的言情小說家，替《華盛頓郵報》撰寫每月言情小說專欄。[3] 她是這類小說史的專家。她和我討論成功言情小說的核心要素。

首先，讀者期待一本或一系列的言情小說，結尾是「永遠幸福快樂」（或者至少一輩子幸福快樂）。對麥克蓮來說，這讓言情小說讀起來比較開心：「言情小說作家和讀者約定，結局一定是永遠幸福快樂。這讓讀者瞭解最後會安全降落，所以勇於撲向恐懼和危險。」[4]這個限制讓讀者和作家都能安心建立一個到目前為止熟悉的底線。

這一類的書還有另一個典型的特徵，叫「黑色時刻」；這個詞沒有種族方面的影射，指的是一連串完全失去希望的場景或遭遇，故事主要的浪漫關係破裂了。麥克蓮說：「讀者、書中人物，有時連作者在內都看不出要怎麼進行下去，還有這兩個人到底會不會復合。」這種情況通常發生在接近尾聲的地方，接下來的情節聚焦在讓角色回復先前的狀態。儘管讀者知道書中人物最後會逃出困境，但「黑色時刻」會增添戲劇性和懸宕的效果。猜測人物會怎麼解決他們的危機，不僅抓住讀者的注意力，還讓一本書變得更懸疑。

最後，幾乎沒有例外，言情小說都會有性愛的描述。如麥克蓮所說：「言情小說作家在書頁上運用性愛，就跟恐怖小說家運用謀殺一樣，能推動劇情。」她說要寫愛情故事不提性愛很難：「當你跟某個人交往，發生了性關係，這樣複雜的經驗是會改變愛情故事的訴說方式及故事架構。」

讀者買言情小說，期待一個熟悉的架構，當中包含我剛才描述的三種特色。這些一再出現的情節，使得言情小說受到不具原創性的指控。貝芙麗．詹金斯不同意這點。「我覺得這跟其他小說沒有什麼不同。」她說：「哪本西部小說沒有壞人和警長，或是一群馬。哪本推理小說沒有屍體，還有某個想破解凶手是誰的人。」

那麼，所有藝術都倚賴某種公式嗎？

灰姑娘公式

連《第五號屠宰場》（*Slaughterhouse-Five*）在內，寇特・馮內果（Kurt Vonnegut）總共寫了十四本小說，在美國小說史上留下不朽的名聲。[5]儘管文學成就斐然，但是他自認「最偉大的貢獻」的作品不是一本書，甚至不是一則短篇小說，而是他被學校退件的碩士論文。

馮內果是芝加哥大學人類學研究所的學生。不幸的是，他討厭人類學[6]（馮內果曾說：「反正我讀人類學是大錯特錯，因為我受不了未開化的人——他們有夠愚蠢」）。儘管馮內果極厭惡主修科目，他對自己的論文評價很高。大學時期，他對故事的情感架構感到非常著迷。他在論文中提出，每個故事都可以用圖表描繪出來，縱軸代表正向和負向情感，橫軸則代表時間（見圖A）。他在某一場演講中回想起這些故事架構；後來演講內容收錄在文集《沒有國家的人》（*A Man without a Country*）。

他開始用這個圖表描繪出知名作品的情感架構。過程中，他發現四種一再發生的故事類型。

第一種是「洞中之人」（見圖B）。

A

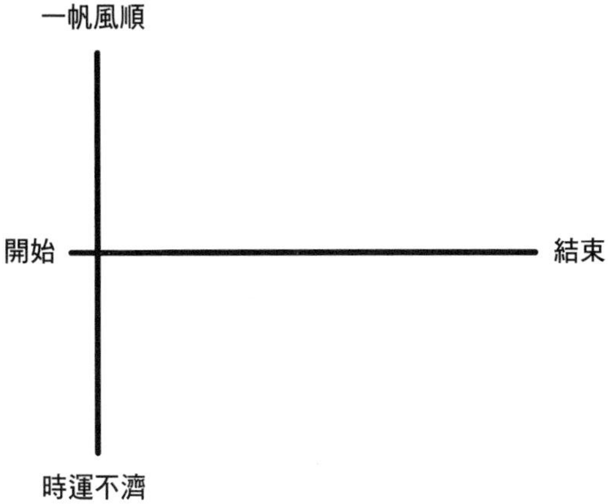

　　馮內果相信，「洞中之人」是最受歡迎的故事類型。他在演講時說：「現在，讓我告訴大家一個行銷訣竅。有錢買書、雜誌及看電影的人，不喜歡聽到窮人或病人的事，所以你的故事要從這裡下手（指著一帆風順與時運不濟的軸線頂端）。你會一再看到這樣的故事，大家都愛，而且這樣的故事不受版權保護。」但是「洞中之人」有著比故事名稱更深的意涵。馮內果指出：「故事名稱是『洞中之人』，但未必要描述一個人或一個洞，而是某個人陷入麻煩，然後脫離困境，再次恢復正常（手指向虛線處）。這條線最後會比開始的地方高，並非偶然。這是對讀者的激勵。」

　　馮內果發現第二種故事類型是「男孩遇見女孩」（見圖C）。

　　這聽起來純粹是個浪漫故事，但馮內果要

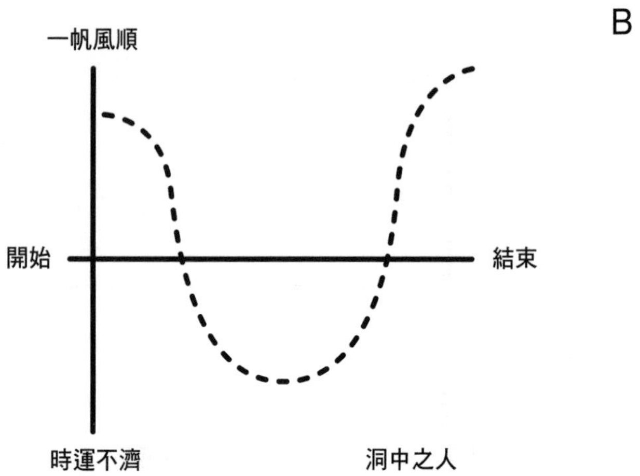

表達的意思更廣：「不一定要是男孩遇見女孩的情節〔開始畫線〕，而是有個人，一個平凡的人，在一個跟平常同樣的日子，遇見某個好得不能再好的東西：『天啊，我今天真幸運！』……〔開始往下畫線〕『可惡！』……〔再把線往上畫回來〕然後，再次回復原狀。」

他還找到另外兩種故事架構。

「灰姑娘故事」（見圖D）是指上升、下降，再升到極致幸福的架構。經典的故事有《簡愛》、《遠大前程》（*Great Expectations*），當然還有《灰姑娘》。這些故事比直截了當的愛情故事複雜，都擁有這個架構——最後主角實現最瘋狂的美夢，故事達到高潮，令人振奮。

最後，馮內果找出一種「卡夫卡故事」（見圖E），也許是最悲傷的架構。

最後這個類別，馮內果說：「一名相貌不佳

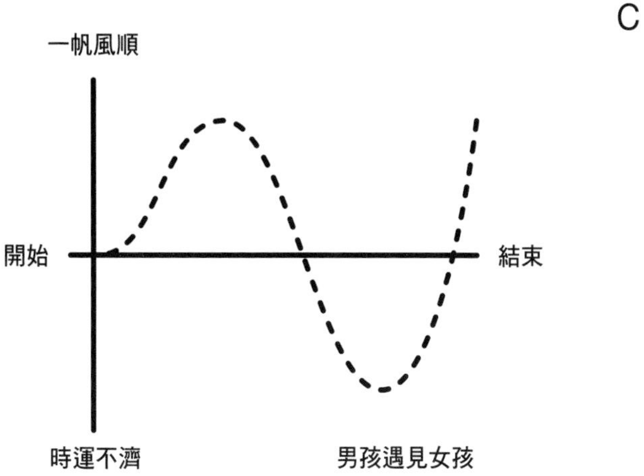

也不太有吸引力的年輕男子，有難相處的親戚，做過很多沒有升遷機會的工作。他的薪水不高，沒辦法邀請喜歡的女生去跳舞，也沒辦法跟朋友到啤酒館。有天早上醒來，又該上班了，他卻變成一隻蟑螂〔往下畫線，然後畫一個無線大的符號〕。這是一個悲觀的故事。」

這不大能激勵人心。

這些概念是一九八五年馮內果在一場演講中反覆提到的，後來這場演講的錄影在 YouTube 上瘋傳。幾年後，一位研究人員偶然看到這支影片，發現馮內果有一句話，跟他正在進行的研究密切相關。馮內果說過的是：**這些簡單的故事形狀，沒有理由不能輸入電腦程式中，形狀多美**。

這些故事架構的形狀**能不能**輸入電腦裡？有沒有辦法證明這些故事具有一再出現的模式？

這位研究人員很快就組了一個學術界的超級

D

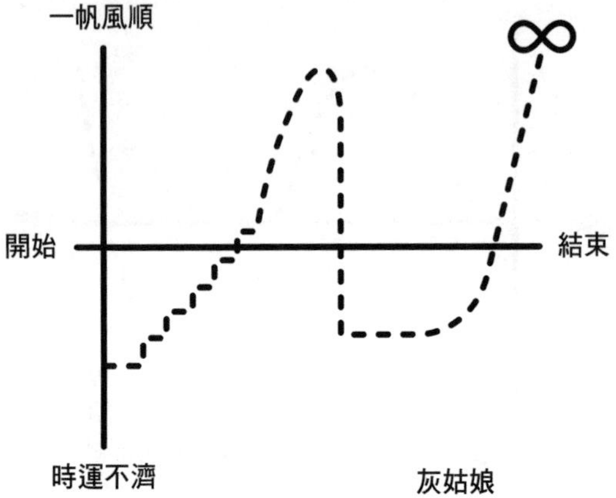
一帆風順
開始
結束
時運不濟
灰姑娘

E

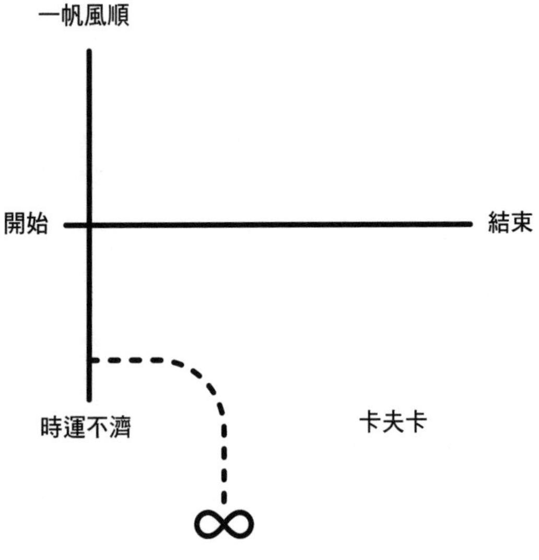
一帆風順
開始
結束
時運不濟
卡夫卡

英雄團隊，成員有情緒分析、統計學和電腦科學的專家。[7]他們以佛蒙特大學為基地，使用最新的數據分析工具，看看能不能如馮內果所說的，發現故事情感架構中的模式。

為了達成這個目標，研究人員從線上資料庫下載小說。這些資料庫有公開統計資料顯示小說的下載次數；如此一來，研究人員可以瞭解哪些書最受歡迎。然後，研究團隊透過名稱怪異的分析流程（「奇異值矩陣分解」、「聚合式監督學習」、「自組織映像式無監督學習」），從頭到尾分析這些書籍。這些流程和方法讓科學家建立了和馮內果的圖類似的故事架構。除此之外，他們的研究能查出書中某個特定章節具有正向或負向的情感描述。查完一本書，他們能用這個數據繪製出「故事的形狀」——就跟馮內果預測的一樣。

研究團隊不僅找到與馮內果的發現吻合的故事類型（不同處在於，研究團隊最後找出六個），而且他們很快就發現，有些故事類型比較受歡迎。數據顯示，在網路上最受歡迎的類型莫過於「洞中之人」。

科學證實了馮內果的推測：作家創作時運用的故事類型**確實**有一致性。但是大部分作家是在潛意識套用這些模式，還是刻意按照這個模式來寫作呢？

為了找出答案，我們要繞回電視的世界看一看。

限制的源頭

你也許會想，爆紅現象來自於打破模式。實際而言，唯有**按照**模式進行，才有可能發掘恰如其分的新鮮感。

《喜新不厭舊》（*Black-ish*）是美國廣播公司的情境喜劇，曾入選艾美獎和金球獎最佳喜劇類節目，目前已經演到第四季，即將推出續集《成長不容易》（*Grown-ish*）。《喜新不厭舊》演的是德瑞的故事。為人父的他，小時候家境不好，但現在是一名廣告公司的業務經理。他和黑白混血的太太瑞柏一同扶養四個小孩。《喜新不厭舊》探討德瑞的衝突，他希望孩子們努力融入以白人為主的朋友圈的同時，也能保留自己的身分認同和傳統。例如有一集，德瑞十二歲的兒子因為羨慕猶太朋友，決定今年生日要辦一場猶太成年禮。

就小說來看，《喜新不厭舊》比大多數電視節目都要接近自傳體裁。編寫這齣電視劇的肯亞・巴瑞斯（Kenya Barris）擔任節目統籌（節目執行長在好萊塢的稱呼）。[8]他跟主角德瑞一樣，娶了一位黑白混血醫生（名字也叫瑞柏），小時候家境不好，後來在創意圈打滾，努力把自己的身分認同傳給在郊區長大的孩子。

《喜新不厭舊》將巴瑞斯的人生改編成故事。

我很想知道電視節目是不是跟書本一樣，有著跟小說架構類似的結構或模式。巴瑞斯能幫我找到這個問題的答案。

洛杉磯人永遠塞在路上，而且我覺得，只要不介意偶爾有人會按喇叭，他們都很願意在電話上聊自己的創作過程。巴瑞斯和我就是在他上班途中通電話。他解釋，聯播網情境式喜劇有一個傳統的三幕式架構，呼應了西元前三三五年亞里斯多德在《詩學》（*Poetics*）提出的經典架構。

巴瑞斯說：「第一幕是簡介或講述特定主題或事物為何的序言或文章大綱。」在德瑞的兒子想舉行猶太成年禮的那一集，主題顯然是文化認同。

巴瑞斯繼續說：「第二幕是主體，或者說，你會在此時處理、弄清、進入某個特定議題傷心或好笑之處，以及這件事跟這一家人有什麼關係，是怎麼在某個角色的人生中造成衝擊。」在那一集裡，第二幕是德瑞召開家庭會議，討論兒子的身分認同危機，最後決定兒子要進行傳統的非洲成年儀式。

「第三幕是解決，此時你已明白這項資訊、這個主題，或是從這個主題延伸出來的問題，也知道處理的方法，讓你達成說故事的目的。」在這一集裡，解決之道是德瑞讓兒子舉行一場嘻哈主題的猶太成年禮。他明白他的孩子會經歷跟他不一樣的童年，而這種演變不過是人生中的一部分。

為什麼巴瑞斯要仰賴三幕架構？

巴瑞斯解釋，這三幕之間都有「廣告破口」，這是電視圈的行話，用來表示節目中那些「登、登、登、登」的揭曉時刻。每次廣告破口之後，電視節目就會暫停，進廣告。結果是電視聯播網的廣告規定，設定了情境式喜劇的架構。「你必須為聯播網節目安排三次廣告破口，再加一段『尾巴』（大部分節目最後都會有一段『尾巴』，是一小段額外的內容，接在最後一次廣告破口後面，讓觀眾不得不看完最後一段廣告）。」

簡而言之，巴瑞斯和跟他合作的劇作家面臨一個來自外界、不得不遵守的**限制**。他們的節目和其他節目必須符合某種強制性的架構。從肥皂公司贊助電視節目的時代開始（所以叫**肥皂劇**），就是如此。你也許認為創意人士會討厭這些架構，將之看作體制強加在他們身上的專制規範。意想不到的是，巴瑞斯發現，這些限制對任何電視節目來說都是成功的關鍵。「我們賣肥皂賣久了，久到在我們吸收創意的過程中，肥皂廣告成為我們渲染情感的一種手段。少了這些廣告破口，故事的說法就變得不太一樣。我認為它們真的有用，能幫助我們把想法組織起來。」

這類架構和模式充斥在各式各樣的創意領域當中。做料理的時候，廚師用料須遵守比例。撒太多鹽，會毀掉義大利麵；小蘇打粉加太多，麵糰會發過頭。詞曲作家必須讓歌曲符合特定的長度，才能在廣播節目中播放。作家的作品則是按照文類，有特定的字數限制（相信我，這對讀者來說是件好事）。除此之外，推特上的推文自然必須符合字元限制。

在我繼續訪問創作者的過程當中，我發現，他們絕大部分喜歡這些限制。廚師喜歡食譜背後的科學，音樂家喜歡寫歌不能超過三分鐘的挑戰。架構、公式、模式、食譜、規範等，完全不是負擔；事實是，很多人都把這些東西當作技藝的工具。後面我會深入探討，創作者**為什麼**享受這些限制。但首先讓我提出一個更基本的問題。

就算創作者看似喜歡這些模式，那觀眾喜歡嗎？

流行音樂的科學

神經科學家格雷戈里・柏恩斯（Gregory Berns）在一個令人意想不到的地方找到了研究的點子：《美國偶像》。[9]

有天晚上，柏恩斯和女兒一起觀看這個節目，聽到克里斯・艾倫（Kris Allen）翻唱共和世代（One Republic）樂團的〈抱歉〉（Apologize）。[10]

這首歌聽起來熟悉得不得了，但他想不出來為什麼。

接著，他拼湊出來了。三年前，他做過一項音樂喜好的研究。[11]當時，柏恩斯請好幾名正值青春期的受試者躺進功能性磁振造影儀，讓他們聽幾首他在網路上找到的歌。

其中一首就是共和世代的〈抱歉〉，當時這首歌還不是那麼有名。

柏恩斯不禁猜想：三年前他用功能性磁振造影技術得到的數據，有沒有預測到〈抱歉〉會大紅大紫？[12]

他把舊數據集拿出來重新審視。當時，他給那些少男、少女的任務是聽一百二十首各種類型的歌曲。他使用的資料庫有歌曲撥放次數的公開數據，所以柏恩斯肯定這些歌曲當時沒沒無聞。他讓學生們躺進功能性磁振造影儀後，問他們最喜歡哪一首歌。柏恩斯想知道，當某個人**說**喜歡某首歌曲，跟他們大腦的**反應**之間是否有所關聯。

這項研究得到一些有意思的結果。不過，柏恩斯現在要回頭檢視功能性磁振造影儀反應者的腦部反應，和某一首歌的未來銷量有無關係。基本上，就是我們的大腦能不能預測會爆紅的事物？

他做的頭幾件事情中，其中一件是比對尼爾森公司的唱片銷售線上資料庫「聲調」（SoundScan）系統和他自己的數據。他研究了當初拿來測試的一百二十首歌，這三年來每一首歌的銷售數據。

在他分析數據之後，還真的找到了關聯性！受試者的大腦對那些後來大紅大紫的歌曲有特殊反應。用神經科學的語言來說，柏恩斯發現，調節多巴胺釋放的大腦部位「依核」，和歌曲的未來銷量之間具相關性；依核在大腦中是獎勵系統的一部分。

更令人驚訝的是，這些學生按照主觀意識替每一首歌打的分數，跟未來銷量**沒有**關聯，至少在那個時候無關。柏恩斯的研究對象表示喜歡的歌，**並非**後來大紅大紫的歌。這些學生無法**有意識地**預測將來會爆紅的東西。只從他們的口語反應來判斷，我們可以放心地說，他們對於是什麼讓一首歌大紅大紫一點概念也沒有。可是在**潛意識**中（爬蟲類的等級），他們的大腦可以察覺將來會大紅大紫的歌。

這些學生的大腦究竟瞭解到什麼？柏恩斯表示：「我的直覺是，大腦發出信號，指出某樣東西有點不尋常，會使人著迷，因此這樣東西或許正好落在令你習慣又不會老掉牙的甜蜜點上。」

換句話說，他說的就是創意曲線。

學生對熟悉又新鮮感剛剛好的東西有所反應。先前我解釋過，大量吸收是能提供工具，讓我們瞭解什麼東西具**熟悉感**，但我也點出，光有熟悉感還不夠。這一章，我的重點是為大家提供創造**新鮮事物**必備的工具。

重新混合的文化

艾力克斯・奧漢尼安（Alexis Ohanian）在維吉尼亞大學讀三年級時有一個目標：不要找「真正的工作」。[13]他和室友史蒂夫・霍夫曼（Steve Huffman）花很多時間腦力激盪，想辦法打造網路新創公司，拿到可跳脫「真正的工作」這個窠臼的門票。

最後的成果就是Reddit網路論壇。

如果你從來沒上過Reddit網路論壇，那你錯過了一個兼容並蓄的內容集錦，裡面有新聞、可愛的動物、爭議性話題，還有名人向Reddit社群提出的「隨你問」挑戰（在Reddit上叫作AMA，是ask me anything的縮寫）。Reddit使用可愛的外星人作商標，標語則是「網際網路首頁」——相關統計數據也支持這個說法。Reddit每個月的活躍使用者超過三億人，而且網路搜尋引擎Alexa的數據顯示，Reddit的網站造訪次數世界排名第七（亞馬遜排名第十）。如同奧漢尼安的說明，「在用英文溝通的世界，Reddit提供全球閒談的話題。它代表了時代精神。在上面引發討論的事情，通常會在幾個小時、甚至幾天後，傳到網路上的其他地方。」

Reddit有名的事蹟很多，其中一件是散播「迷因」（meme）。迷因是愚蠢的圖像，上面通常附有好笑的文字。很多迷因都是因為有人在Reddit張貼古怪的圖像，接著，其他使用者社群開始在上頭添加文字。

「不爽貓」（Grumpy Cat）就是一個例子。

有一天，布萊恩·彭德森（Bryan Bundesen）在跟妹妹泰貝莎（Tabatha）新養的小貓玩，他發現這隻貓（當時叫「塔塔醬」，是泰貝莎十歲女兒取的名字）的表情看起來像在皺眉。

他把這隻小貓的照片放到 Reddit，這個網站的使用者一夜之間就讓照片瘋狂流傳。沒多久，人們開始在不爽貓的照片加上自己的文字內容。

不爽貓這個迷因的架構相當直截了當。上面會放一句看起來很正面或中性的話，例如「有隻小鳥偷偷告訴我，今天是你生日」（譯註：英文中，A little bird told me 是慣用片語，表示「有人告訴我」。在這裡作雙關語，表示小鳥被不爽貓吃掉了）。至於底下這句話嘛，我認為是用來表達**不爽**（沒有更好的形容詞了）。網路上，到處有人用這個樣本做出自己的變化版，在 Reddit 和 Imgur 這類網站上與朋友分享。

但迷因這門生意不是笑一笑這麼簡單而已。

我跟班・拉舍斯（Ben Lashes）談過，他有一份非常「千禧世代」的工作：迷因經紀人。在網路這個不停運轉的攪拌器裡瘋狂流傳的人（和動物），在他的幫助下開展職業生涯。他剛好是三大貓咪迷因的經紀人，分別是鍵盤貓（Keyboard Cat，一隻看起來在彈鋼琴的貓）、彩虹貓（Nyan Cat，一隻身體是草莓餡餅的動畫貓咪）和不爽貓（如你所知，這隻貓脾氣很壞）。拉舍斯的工作是確保迷因創造者能夠保護自己的品牌，並轉換成貨幣。哪些代言合約可能會讓品牌價值提高？哪些會破壞迷因的趣味？

拉舍斯告訴我：「不爽貓是貓咪版的灰姑娘故事，因為牠出生在鳳凰城外的一個鎮上，人口不超過兩百五十人，四周都是沙漠。牠從沒沒無聞，變成全世界的人都在仔細討論牠的臉。」不爽貓在網路上的名氣，轉變成現實世界的名氣和財富。二〇一三年，寵物食品公司喜躍（Friskies）簽下不爽貓，請牠當官方「代言貓」。

我免不了要問他那個必問的問題。

不爽貓在現實生活中真的很不爽嗎？

拉舍斯笑了。「牠是非常、非常溫和的貓咪，感情十分豐富，但如果有人發現這一點，就會毀掉牠的名聲。」

奧漢尼安在 Skype 上向我解釋，像不爽貓這樣的迷因，不但能讓 Reddit 的會員創作出具分享潛力的內容，而且「迷因也降低了內容創造的門檻。這些迷因建立某些每個人都能理解的準則，減少心理負擔」。藉由一個迷因，大家已經懂了百分之九十的笑點。就拿不爽貓的例子來說，你知道不爽貓的脾氣不好。奧漢尼安告訴我：「它的好玩之處在那百分之十的變化，也就是照片上的說明文字。這一點讓更多人成為內容創造者，要不是這樣，他們可能也當不成內容創造者。因為重新混合現有的迷因，比創造全新的迷因要容易得多。」其實迷因定出一個熟悉的架構，讓創造落在創意甜蜜點的事物，變得易如反掌。

如同我們在自費出版者克莉絲汀．艾許利身上，以及言情小說把關者歷經轉換的例子看到的，網路有助於改變創意的權力結構。奧漢尼安認為，這就是由上而下和由下而上的文化之間的差異。「所謂由上而下的文化，就是傳統上會跟**文化**連結起來的東西。在過去，你要有散布的方法，才能創造這種由上而下的文化。例如唱片公司會說：『很好，你知道嗎？你的音樂很棒。我們要在全美的電台播放你的音樂。』但一直以來，讓個人創造的文化浮出檯面的，是由上而下的把關者。某個在布朗克斯唱饒舌的小子正在創造文化，但要某個機構讚美它，指著它說：『好，我們現在要讓它散播到各地』，它才會成為『文化』」。

對奧漢尼安來說，非傳統文化的成功，包括迷因和獨立出版者，是閱聽人能在網路上發現這些創作的結果。「現實情況是，文化總是由下而上、由個人創造，但要得到散布的機會，會經過嚴格的篩選。網際網路發表的門路大眾化。只要你找得到門路和使用方法，就能夠創造平台。我們在網路上看到的是即時的創造文化。」

不管是由上而下，還是由下而上，奧漢尼安跟走在他前面的人都相信，所有文化都是

「重新融合」的結果。對奧漢尼安來說，創造大都和改變熟悉的事物有關。「真正原創的點子並不多，原創性和創意其實只是重新混合得巧妙而已。」迷因是重新混合許多有趣的圖像。強檔大片也是。《星際大戰》重新混合了西部小說的元素：好人和壞人互相追逐，只是這次地點改在外太空！很多流行歌，如保羅．麥卡尼的〈昨日〉都是重新混合先前已經存在的和弦組合，或是真的重新混合先前已經存在的曲調。廚師經常「重新混合」傳統的家庭食譜，好吸引新的饕客。

其實，限制使得「重新混合的文化」成為可能，也提供創作者確保熟悉感的框架，同時創造出百分之十、二十或三十的新鮮感或不同之處。這些限制讓創作者用前後連貫的方式，將創意曲線系統化，而非創造唯一一次的爆紅奇蹟。

這樣的公式不僅是便利創作者的工具，其實是生理機能產生的結果。我先前解釋過，我們的大腦會對特定的模式做出反應。我們不必臆測要怎麼一窺那些生理欲求，創意公式提供了捷徑。這些公式反映了世世代代的創意人士如何嘗試、吸收並複製成功的模式。諷刺的是，限制反而釋放了創作者，讓他們把**注意力**放在創意曲線中新穎的部分。

不過光是知道限制**存在**，不能幫上任何人。你得學會大師運用的這些公式。但是要從哪裡開始呢？

富蘭克林法

富蘭克林在當上美國國父之前，年輕時曾經是個覺得自己抬不起頭來的麻州居民。[14]他一直在跟一個朋友通信，辯論女性應不應該接受教育。他父親無意中發現了這些信件，辯論的主題並沒有讓他不高興——富蘭克林全力支持婦女受教，但那不是問題。令他父親生氣的是，富蘭克林信寫得很差。他不能把自己的意見表達得清楚一點嗎？

富蘭克林跟我們很多人一樣，不想讓父親失望，於是他下定決心要把文章寫好。為了朝這個目標邁進，他開始閱讀十八世紀英美咖啡店都很流行的刊物《旁觀者》（*The Spectator*）雜誌。《旁觀者》有名之處在於絕佳的寫作品質，以及中肯、精雕細琢的全球事務評論。對富蘭克林來說，這是值得模仿的絕佳作文範本。

富蘭克林想出一個點子：他要把他欣賞的文章寫成大綱。每段主旨是什麼？大綱寫好後，他會用同一份大綱重寫這篇文章，琢磨出恰當的文句。寫完後，他會跟原本的文章對照，看看自己寫得好不好。

花了一段時間整理個別的句子之後，富蘭克林提高了任務的難度。他把大綱打散，現在他不但要修飾句子，還要想出最好、最有說服力的文章組織方式。

結果如何？這個過程非常有用。經過這樣的模仿練習，富蘭克林發覺自己文章愈寫愈好。就某些方面來說，他寫得比原本的文章還好。他後來寫道：「有時候我喜歡幻想，我在某些次要的地方運氣夠好，能讓這個語言更有條理；而我從中得到鼓勵，認為自己將來或許能成為一名還過得去的英文寫作者。我在這方面有強烈的企圖心。」

我為了寫這本書訪問了不少創意人士，也一再聽到這種模仿的作法。我稱之為**富蘭克林法**，包括仔細觀察並改造成功創意作品的基本結構。創作者透過富蘭克林法，學會歷史上證明能夠成功的公式和模式。過程中，他們接觸到熟悉感的基準線，能讓他們的閱聽人察覺。然後，他們可以在那個結構上增添新鮮感，同時維持必要的熟悉感。富蘭克林法不單單是歷史事件或編出來的故事，也是瞭解並掌握數位世界創意流程的關鍵要素。

現代的應用

安德魯・羅斯・索爾金（Andrew Ross Sorkin）是媒體界的文藝復興人士。他為《紐約時報》創立超級受歡迎的「DealBook」部落格，在消費者新聞與商業頻道（CNBC）的《財經論壇》（*Squawk Box*）節目擔任主持人，撰寫暢銷書《大到不能倒》（*To Big to Fail*），並共同創作熱播連續劇《金錢戰爭》（*Billions*）。[15]

索爾金跟班傑明・富蘭克林一樣，一切都從模仿開始。

我和索爾金用 Skype 聯絡。[16] 他人在曼哈頓的公寓，把自己關在臥房內，時不時傳來孩子的敲門聲。配著小孩子偶爾大叫的背景聲，他告訴我他是如何把全新的媒體品牌建立起來。

索爾金剛開始在《紐約時報》工作時，是十八歲的大學實習生。他很有人緣，而且為了討新聞記者歡心，幾乎什麼都願意做。畢業後，他得到一份任何新聞系學生都會羨慕的工作：《紐約時報》的倫敦分社請他擔任財經線記者。他前往倫敦，展開職業生涯。

但有一個問題：他只有二十二歲，根本沒有記者相關的實務經驗。索爾金回想：「我怕得不得了。」要怎麼寫出配得上全世界最優秀報紙的報導，哪怕只是一篇報導？

在完全沒有意識到的情況下，索爾金開始運用富蘭克林法。他找出《紐約時報》前幾年的類似報導，研究其格式。報導文章是用引言開頭嗎？作者什麼時候總結要點？索爾金回想時說：「我差一點要把自己的文章變成瘋狂填詞遊戲（Mad Libs）。」他以成功的文章格式為樣本，列出理想格式的大綱，然後把自己的報導放進去。索爾金後來表示：「我討厭這麼說，但我一直在找公式。」富蘭克林法很快就讓他學到一流商業寫作的基本原則，讓他的職業生涯一飛沖天。

索爾金開始撰寫《大到不能倒》時，再次用上變化過的富蘭克林法。「我到書店買了五本、十本我最喜歡的商業小說，研究這些書寫些什麼、寫得怎麼樣、我喜歡哪些部分、不喜歡哪些部分。」他很快就發現，他最喜歡的書有許多分段，會在不同的場景間變換，打造出令人屏氣凝神的情節描述。索爾金在自己的著作中模擬這種寫法，創造易讀的內容和明快的節奏。他沒有就此打住。舉例來說，他很喜歡《笨蛋的陰謀》（*Conspiracy of Fools*）用開車的場景作開頭，這樣的寫法賦予書向前推進的動力。他想到有一次在車上報告《大到不能倒》的進展，決定用這個場景來當書的開頭。

對索爾金和大部分創作者來說，站在別人的肩膀上，觀察並掌握住那些創作前輩立下的模式，能讓他們創作出兼具熟悉感和適度變化的傑出作品。事實上，模仿幫助索爾金熟悉創意的限制，讓他在經過時間考驗的架構中，傳達極具說服力的新點子。

正如索爾金和富蘭克林所發現的，學到這些模式的最佳方式往往是模仿。想要創造落在創意曲線中理想位置的內容，必須仰賴一些模式；當我們模仿欣賞的人，重建他們過去的成功經驗，無異是在吸收這些模式。

現在，在吸收（知識和經驗）和限制之間，我們擁有一批更強大的武器，幫助我們提升創造力。這兩樣工具能幫助你打造適度混合熟悉感和新鮮感，進而落在創意曲線甜蜜點上的點子。但這樣只能提供創造爆紅事物的**潛力**，要讓有**潛力**的點子廣為流行，還需要兩個元素。

索爾金和我用視訊電話講得差不多時，他提出一個不可或缺的要點：「我認識很多我景仰的人，以及其他認識他們的人，這一點也讓我得到不少幫助。我會打給他們，盡量親自登門拜訪，試著瞭解他們學到什麼重要的教訓或犯過什麼錯，藉此避免重蹈覆轍。」

換句話說，索爾金把他能效仿的人湊成一個社群。他說：「我努力參與的每件事，而且都有一個合作夥伴，或是我可以討論的對象。」不管是電視節目《金錢戰爭》的共同創作者，還是他的書本編輯，索爾金都養成和其他創意人士為伍的習慣。社會大眾也許將創作者看作單打獨鬥的天才，但隨著我花愈來愈多時間和現實生活中的創作者相處，我發現這跟現實相差甚遠。

打造理想的社群，或許是創意流程中**最**關鍵的一個環節。

第9章

第三項法則：創意社群

在大部分人心目中，創作天才腦筋聰明、神經質，靠自己達成超凡卓越的創意事蹟。他們在某種類似「小屋」的地方，單打獨鬥。

這個形象在流行文化中一點一滴慢慢向上滲透，沒有數百年，也有數十年的時間了。東尼．史塔克在《鋼鐵人》漫畫及後來電影版的帝國中，是獨來獨往的天才。他經營一個大型企業王國，打造出自己的鋼鐵人裝備。但這個想法不只存在於虛構世界；特斯拉和太空探索技術公司（SpaceX）的伊隆．馬斯克經常被比作東尼．史塔克。

可是，單打獨鬥的天才神話顯然沒什麼道理。伊隆．馬斯克雇用成千上萬名員工，幫助他打造未來科技。好幾百年前，莫札特花了數不清個小時向老師學習，而且找到許多合作夥伴。

寫這本書的過程中，我發現創意屬於團隊活動，但是在我們的文化神話裡，重點依然極度放在個人——至少美國是這樣。我承認自己也是罪魁禍首：我說的故事大都是個人的故事，而非他們周遭那些團體的故事。

忽略創意的社會面向，後果很嚴重。

研究顯示，在周遭建立**社群**，對於達到世界級的成就來說非常重要。加州大學的一項研究，分析了兩千多位科學家和發明家的社會網絡。[1]這項研究證實，從發明家的人際網絡得以預測表現、生產力，甚至職業生涯的長短。

另一項研究發現，許多領域的世界級表演者（從藝術家到運動員）**都**曾經跟經驗豐富的嚴師學習。[2]

另一項以成功藝術家為對象的研究發現，某位藝術家的聲望高低，跟他們和多少成功的藝術家往來有關，包括同一世代及不同世代的藝術家。[3]

意思不光是要有合作對象這麼簡單。我發現創意人士的網絡中都有**四**種不同的角色：**大師級老師**、**互相衝突的合作對象**、**現代繆思**、**舉足輕重的推手**。每個角色都可以由一個人或一群人擔任。沒有一個角色的重要性亞於其他角色：只要少了其中一個，創作成功的機率就會變低。這些角色加在一起，即形成我說的**創意社群**——直接或間接影響個人創意流程的一群人。

創意社群是創意產生過程相當重要的一環，卻也是最少人研究的一環。

在我的訪談過程中，發現這四種角色至關重要，還瞭解到創意人士是怎麼找到（或吸引）這些關鍵人物。

在接下來幾頁，我們要回答兩個關鍵問題：這些人為什麼如此重要，以及深入問題的核心——要怎麼找到他們？

就從打開廣播開始吧。

大師級老師

泰勒絲的專輯《1989》至今賣了超過一千零十萬張，有三首冠軍單曲，咸認是這十年來最成功的專輯之一。[4]

想到泰勒絲，大家可能會先想到她拍的可口可樂廣告：泰勒絲在後台寫她的暢銷歌曲〈22〉，漫不經心地彈著吉他和弦，在日誌上潦草寫下歌詞。她展現一種有機、不費吹灰之力的創造力。

不過，當你瀏覽唱片封套的說明文字（或現在的網際網路），你會看到不一樣的故事。泰勒絲的歌曲幾乎都有共同詞曲作家。她那張專輯的三首冠軍單曲呢？三首都是跟馬克斯・馬丁（Max Martin）和歇爾貝克（Shellback）一起創作。

誰是馬克斯．馬丁，誰又是歐爾貝克（他真的沒有姓氏嗎）？

你可以稱呼馬丁為「暢銷金曲博士」，但那樣實在低估了他的成就和才華。[5] 美國全國公共廣播電台（NPR）曾經封他為「你所有愛歌背後的斯堪的納維亞祕密」。[6] 馬丁其實是現代流行樂之王，在創作過最多冠軍單曲的人士中排名第三，僅次於約翰．藍儂和保羅．麥卡尼。[7] 他的冠軍單曲包括凱蒂．佩芮（Katy Perry）的〈親了一個拉拉〉（I Kissed a Girl）、紅粉佳人的〈那又怎樣〉（So What）、魔力紅的〈最後一夜〉（One More Night），以及其他十九首歌（等這本書出版，還會累積更多）。

歐爾貝克為馬丁工作。除了他以外，還有好幾十人不是為馬丁工作，就是接受過馬丁的訓練方式。舉例來說，馬丁教過路克博士（Dr. Luke）；路克博士為泰歐．克魯茲（Taio Cruz）和凱莉．克萊森（Kelly Clarkson）寫過暢銷金曲。他還教過薩文．科特查（Savan Kotecha）；薩文．科特查為當紅男子團體「一世代」（One Direction）寫過多首名列前茅的暢銷歌曲。馬丁門下還有班尼．布蘭科（Benny Blanco），他接受過路克博士的指導，所以也是馬丁的徒子徒孫。布蘭科後來也為小賈斯汀和魔力紅寫了冠軍單曲。

看看二〇一四年到一六年的美國告示牌冠軍單曲，就會瞭解馬丁的影響力有多大。那三年中，共有二十九首冠軍單曲，百分之二十一是馬克斯．馬丁的創作或是他跟別人合寫的，百分之七則是馬丁的門生所寫。這代表幾乎每三首告示牌名列前茅的單曲，就有一首是一小群朋友和同事創作出來的。那還只是**冠軍單曲**而已，不包括其他由馬丁和他的同伴創作、「只」進入十大或百大排行榜的單曲。

一小群詞曲作家是如何主導一個創意領域？

馬克斯．馬丁的才華不只有一副好耳朵，他還教別人運用他的作詞作曲方法。亞特瑟．畢爾吉松（Arnthor Birgisson）曾為山塔那（Santana）、席琳．狄翁、珍娜．傑克森等歌手寫出人氣歌曲，也接受過馬丁的指導。他在一場會議被問及流行歌曲的要素，當時他解釋，這位瑞典前輩教他一個公式。[8]歌曲的要素？「一首歌永遠不要使用超過三段旋律……除了這三段，副歌可重複主歌的一段或歌曲的段落，這樣進入副歌的時候，你已經聽過副歌了，但其實主歌正要開始。」

馬丁教他的門生，創造有熟悉感的歌曲時會遇到哪些限制和公式，還幫助他們讓作品臻至完美。就像我先前在討論刻意練習的章節所提到的，向經驗豐富的老師學習並得到回饋，是發展跟磨練創作技巧的重要步驟。

邦妮．麥姬（Bonnie McKee）是作詞人，跟馬丁以及馬丁的夥伴都有合作關係。[9]她合寫的歌曲，有泰歐．克魯茲的〈絢爛煙火〉（Dynamite）、凱蒂．佩芮的〈加州女孩〉（California Gurls），以及其他數不清的歌曲。她在接受《紐約客》（*The New Yorker*）雜誌專訪時表示，為馬克斯．馬丁寫歌「非常有數學性，一句歌詞要有特定的音節數，下一句必須跟上一句有所呼應」。

結果，數學是寫出傑出流行歌曲的核心要素。實際上，馬丁曾經將他的創意流程稱為「音律的數學」。他的理由很直接。如麥姬所說：「人們喜歡聽他們聽過的東西，讓他們想到童年，還有他們父母聽的東西」。

我們可以說，他們喜歡聽到熟悉的東西。

馬丁也給了麥姬精進技巧所需的回饋。她說：「我會寫出我覺得很棒的東西，但如果聽起來不對，馬克斯就不會喜歡。」在創意流程中，像馬克斯．馬丁這樣的大師級老師至關重要。馬丁這樣的人之所以成為「大師」，是因為他們達到的成就，超越了一般經驗豐富的從業者。畫家強納森．哈德斯提在南達科他的畫室找到大師級的老師。安德魯．羅斯．索爾金和年紀較長、更有智慧的作家當朋友。

大師級老師有兩個非常重要的功能：他們讓學生瞭解有哪些限制，而且會透過意見回饋，協助學生刻意練習。吸收了這些限制，能讓學生在精進技巧的同時，進步更快。

回到一九八〇年代初，當時，有一位研究人員研究了一百二十名高成就者的人生，從數學家、雕刻家到運動員都有。[10]這項研究的目的在於追蹤這些高成就者小時候的生活，探究是哪些共通點（假如有的話），使他們擁有非凡的成就。這位研究人員將他的發現集結成冊，書名叫《培養青少年的才能》（*Developing Talent in Young People*）。其中一項重要發現是：不論哪個領域，他研究的對象，**每一個**都曾向大師級老師學習。

那你要如何吸引到大師級老師呢？彈一彈手指就行了嗎？為了找出答案，我到洛杉磯拜訪一個從搖滾明星改行當投資客的人士。他交友廣闊，從富可敵國的雜貨店經理，到穩坐音樂排行榜寶座的嘻哈超級巨星，都是他的朋友。

自信滿滿的小夥子和億萬富翁都適用的學習模式

三十三歲的瓦拉赫（D. A. Wallach）一頭紅髮，他跟過的老師很多，有菲瑞·威廉斯（Pharrell Williams）、吹牛老爹（Puff Daddy），還有威瑟合唱團（Weezer）的瑞弗斯·柯摩（Rivers Cuomo）。[11]

好萊塢山莊某個多霧的早晨，我和瓦拉赫坐在他翻修到一半的屋子露台上。幾分鐘前，瓦拉赫才剛把車開進車道；我是典型的活潑開朗型，他比我還要興高采烈，我說的每句玩笑話他都會笑（其實並不好笑）。瓦拉赫身兼藝術家、音樂家、投資客。在他把才華轉到經營公司之前，瓦拉赫在紅極一時的獨立樂團切斯特·法蘭奇（Chester French）擔任主唱。這個樂團是他還在哈佛大學時成立的。他畢業時，肯伊·威斯特（Kanye West）和菲瑞·威廉斯為了這個樂團展開競價大戰，搶著把他們簽進自己的唱片公司。

最後，瓦拉赫和他的樂團決定和菲瑞的公司簽約，推出專輯《愛上未來》（*Love the Future*）。這個樂團後來逐漸銷聲匿跡，但瓦拉赫還留在音樂圈，當過一陣子 Spotify 駐站藝術家，幫這間新創公司跟音樂家建立良好關係。他也在二〇一七年的熱門電影《樂來越愛你》（*La La Land*）飾演一個歌手的小角色。[12]

在發展音樂和藝術職業生涯的同時，瓦拉赫也投資了好幾間公司，從 Spotify 到 Space X 等等。雖然瓦拉赫不是刻板印象中穿藍色正式襯衫的金融從業人員，但他現在是風險投資公司 Inevitable Ventures 的合夥人。這是他和擁有億萬身價的雜貨店大亨羅恩・伯克（Ron Burkle）共同創辦的基金，高成長科技公司是他們的投資標的。

這個從前玩樂團的年輕人，怎麼會跟饒舌偶像、億萬富翁、科技業的獨角獸公司扯上關係？

瓦拉赫將他的成功主因歸於他的學習對象：「我總覺得有人知道所有答案，然後我會跟他們來往，希望他們教教我。」舉個例子，在哈佛念書時，他發現威瑟合唱團的主唱瑞弗斯・柯摩暫時沒有巡迴表演，正在哈佛大學修課。瓦拉赫從學生通訊錄查出柯摩的電子郵件地址，冒昧寫信給他，問他們能不能見個面。沒多久，他們就在學生餐廳一起吃便餐，而瓦拉赫從這位當代搖滾界享譽盛名的才子身上瞭解不少音樂產業的事。

瓦拉赫繼續尋找老師，他補充：「還有一些人是被我**逼著**當導師。」他說關鍵在於學習擁有好奇心。「我有百分之九十的時間都在問問題。」

重點是不要等別人把你納入他們的羽翼之下，要自己去啟動這個過程。如果某個你想瞭解的領域有成功人士出現，去接近他們。要有好奇心，堅持不懈！就像瓦拉赫和其他人所發現的，大部分的人都樂意分享自己的經驗和知識。你要做的就是向他們提問。

不是只有年紀輕輕、沒有經驗的人，才需要大師級的老師或導師。事實上，我訪問過許多成就非凡的人，他們都有所謂的「**反向導師**」（reverse-mentors）。

大衛・魯賓斯坦（David Rubenstein）是全球規模數一數二的私募股權公司凱雷集團（Carlyle Group）的共同創辦人暨共同執行長，名下管理價值一千五百八十億美元的資產，申報淨值達二十五億美元。[13] 此外，魯賓斯坦在超過三十個非營利機構擔任董事，其中七間是擔任董事長，包括甘迺迪中心、史密森尼學會、美國外交關係協會等機構。他還主持彭博電視台的《大衛魯賓斯坦秀》（*The David Rubenstein Show*），訪問過歐普拉和比爾・蓋茲等人。

我們同坐在科羅拉多州亞斯本的一個戶外露台。此時正值每年一度的亞斯本意見論壇（Aspen Ideas Festival）。這是規模數一數二的思想會議，從知名芭蕾舞者到金融巨擘，各界人士紛紛前來參加。魯賓斯坦點了薄荷茶，我們討論他是如何學習新事物。令我最訝異的是，就一個賺進數十億、已邁入耳順之年的人來說，魯賓斯坦的話竟然跟瓦拉赫極其相似。魯賓斯坦說：「我喜歡認識非常聰明、瞭解我不懂的領域的人。」他補充：「我花很多時間問問題。」魯賓斯坦跟瓦拉赫一樣，交談風格以提問為主，總是迫切追問更多的資訊。「我很容易問別人問題，而且我喜歡找那些能告訴我不知道的東西的人。」

他很快就把這個犀利的方法用在我身上。「你有沒有什麼東西是我該學一學的？你是大數據專家。」

這個模式在我的訪談過程一再出現。

我們在前面的章節提過接連成功的網路企業家凱文．萊恩。他告訴我，他也喜歡向擁有利基知識的人學習。「對我來說，一場成功的會面是百分之三十的時間由我說話。如果都是我在說，我就學不到東西。」萊恩是成立了好幾間價值九位數或十位數的公司，但他還是希望向他人學習。萊恩告訴我：「昨天我和女兒的朋友聊得很愉快。這個朋友才十六歲，對教育和不同的教育體系卻有一整套理論。」然後又說：「你可以從任何人身上學到東西。」

我繼續訪問其他人，在過程中發現，**最**成功的人士很多也是心胸最開闊、最願意打造學習和脆弱時刻的人。

你要怎麼打造這些時刻？

我發現最好的方法是讓與眾不同的人進入你的活動範圍。像萊恩利用的是食物。「我的方法之一是辦晚餐派對。我們會試著邀請政壇人士、網路公司的人，還有某個沒有刻意挑選的人。」如果你不喜歡在家宴客，可以邀同事出去喝杯咖啡，或是下次有某個早熟大學生向你討教時，你只要答應就行了。

如果你已經有所成就，要讓這些人進入你的網絡，會容易許多。但如果你才剛起步呢？我們不可能統統進哈佛，在哲學課上跟搖滾明星往來。*

群聚效應

一名年輕女子正在打掃舊金山索瑪區（市場街南區）公園飯店的大廳。這個大廳有綠色吸音牆，放了幾張像從小餐館拆過來的長椅。這不是一間真的飯店，而是一棟有著共用浴室的平價住宅。在她繼續打掃的時候，女子注意到一名攝影師快速照了一張相片。三十五年後，這張照片成為代表索瑪區中產階級化的系列照片之一。從那時起，舊金山開始從平民化漸漸變成房價高不可攀的區域，尤其是索瑪區。

先前的索瑪區殘破不堪，如今辦公空間的平均租金是每平方呎七十二．五美元（跟昂貴的曼哈頓一樣），而套房的平均售價，每平方呎超過一千兩百美元，這代表一間四百五十平方呎（約十二坪）的小套房要價超過五十四萬美元，足以買下很多棟郊區的巨無霸豪宅了。至於公園飯店，則是成了科技迷聚集的地方。懷抱雄心壯志的企業家和軟體工程師，可用每個月一千美元的價格租下一個小到不行的房間。[14]

既然如此，人們為什麼紛紛搬到那裡呢？

索瑪區在發展過程中，成為新創產業的核心重鎮。你可以在這附近找到推特、企業雲計算公司（Salesforce）、繽趣（Pinterest）、星佳（Zynga）的總部，還有Google、Yelp、奧多比（Adobe）等大公司的辦公室。隨著愈來愈多科技公司搬到此地，就有愈多人想要跟隨他們的腳步。工程師想要和其他工程師近距離工作，執行長們也一樣。

社會學家將這個現象稱為**群聚效應**。

以《創意新貴》（*The Rise of the Creative Class*）一書聞名的理查．佛羅里達（Richard Florida），這幾十年來一直在研究稠密度對創意的影響。[15]他和一組研究團隊在一項研究中仔細調查兩百四十個不同的都會區，將創意工作者的稠密度和專利權數目（反映創新程度）互相比較。[16]他們發現隨著稠密度增加，創意人士會覺得彼此更緊密聚集，專利數目也隨之增加。佛羅里達向我解釋這個影響有多大：「創意稠密度高的地方跟創意稠密度低的地方相比，創新程度高出五倍。」這不光是一個地區有很多創意人士這麼簡單而已；要

＊如果你想找到方法，跟可能指導你的人產生連結，我整理了一份電子檔，這份指南裡有比較詳細的作法，請參考TheCreativeCurve.com/Resources。

激勵他們盡可能發揮創新，得讓他們在彼此附近。

原因跟學者所謂的**知識外溢**有關。在這個過程中，人們或機關團體見面、來往、交談，點子得以流通。[17]當一名藝術家無意間告訴另一名藝術家有一種新的技巧，或是一名研究人員向一名企業家提到某項新技術，知識便會轉移或外溢到網絡中的另一個人。基本上，這是一個持續發生、無窮無盡的教學過程。

稠密度不但對於找老師跟導師有幫助，也可以用來找合作對象。佛羅里達說：「大城市有很多才華洋溢的人彼此競爭、合作、結合、再結合、組織、再組織。因為有這個非常符合進化精神的流程，因為有符合進化精神的利潤動機，便能達成了不起的成就。」

面對面來往的關係，對這些外溢現象也很重要。光是彼此認識還不夠。物理上的近距離性意味著，我和你在轉角的咖啡廳或在等公車時偶遇，製造很多即興會面的機會。

為了融入這個環境，我們願意付出額外的金錢，在索瑪這樣的地方居住和工作。那裡的建築很特別，還有歷史建築，這些自然不在話下，但強大的驅動力來自於我們想要**學習**的對象住在那裡。

成為索瑪那樣聚落的一員，是找到大師級老師的關鍵。

現在不用說也知道，不是每個人都有錢搬到那種稠密度高、房價昂貴的地方。但造訪、往來或盡量多花些時間待在那裡，對於接近加速創意流程的老師來說，極為重要。

只要置身那樣的地方，找到老師的方法就簡單多了——好奇心。成為像瓦拉赫一樣的人，提出問題，表明你**想要**學習。成功人士通常比較欣賞這樣的特質，會更願意將你納入他們的羽翼之下。如果你的經驗已經很豐富，去找你不熟悉的領域的專業人士，向他們提問。凱文．萊恩或許創造了數十億美元的資產，但他仍將目標放在會面時只花百分之三十的時間說話。

如果你這麼做，就能提高找到一位或多位大師級老師的機率，他們是你的創意社群裡四類必要成員的第一類。這些老師會讓你明白你的領域有哪些模式和公式，這樣就不必從零開始。他們也會給你精通這門技術所需的意見回饋，就像馬克斯．馬丁訓練他的徒子徒孫那樣。

刻意練習的科學指出，我們都需要從比較厲害的人身上學習。但只是**學習**一門技藝還不夠，我們最後還要**創作**。接下來這類創意社群成員，對實行點子來說非常重要。

互相衝突的合作對象

布蘭達．查普曼（Brenda Chapman）的媽媽在一張紙上畫了一條線。其實說是隨筆亂畫比較正確。[18]

她轉向四歲大的布蘭達，要她用這條線畫出東西。布蘭達能不能看到表面沒有呈現出來的東西？小女孩低頭看著草草畫出來的塗鴉，開始把線連接起來，加上了鼻子、耳朵（貌似耳朵），還有微笑。

小女孩停下來看著她的作品。

「是一隻狗！」

看起來並不像狗，但她母親還是樂得眉開眼笑。布蘭達在發揮創意，從**無**到**有**。

沒多久，這些遊戲就激起了布蘭達．查普曼的熱情。放學後，她會衝回家畫畫，連看好幾集的兔寶寶（Bugs Bunny）卡通。不管在哪裡，她都會畫一些簡單的場景和角色。伊利諾州的冬天和雨季都很長，當幽居症襲來時，布蘭達會用一條大毯子，把家裡起居室的咖啡桌變成一個堡壘，然後偷偷躲進去，仰躺著在桌子反面畫畫。

她母親從沒抓到她在家具上畫畫（搬家時，才注意到畫在木頭家具上的人物）。即便發現女兒亂畫，她也不生氣。重要的是，女兒在做她有興趣的事。

沒多久布蘭達就告訴大家，她想成為一名動畫師。她放學後看的那些卡通，還有那些塗鴉，統統成為新的使命。轉眼間，她就開始在加州藝術學院就讀，為自己規畫一條職業動畫師的路。

她母親不知情，但那些小時候玩的畫畫遊戲在布蘭達成年後，發展成創下紀錄的動畫職業生涯。她成為《獅子王》的故事指導（第一位在大型動畫電影擔任故事指導的女性），接著共同導演夢工廠的《埃及王子》，成為第一位導演大型動畫片的女性。後來她再次打破玻璃天花板，在迪士尼和皮克斯合拍的《勇敢傳說》（*Brave*）中擔任編劇及導演，成為奧斯卡最佳動畫片獎的首位女性得主。

創作世界是布蘭達．查普曼如魚得水的地方。我們用視訊會議談話時，她清楚向我表示，電影創作的重點是讓單打獨鬥的過程發揮最大效益。就布蘭達看來，成功電影的要素之一，**就是**許多有才華的人一起合作。拍動畫片需要故事分鏡師、動畫師、製作人、編劇、導演、片廠執行，當然還有行銷人員。這是一個反覆修改的過程，每個人都會給彼此意見回饋。這些明顯不同的聲音結合在一起，能針對觀眾的喜好，形成一個最包羅萬象的觀點。

舉例來說，早在動畫製作團隊開始工作前，故事分鏡師會先畫出一系列精挑細選的鏡頭，做出對這部電影相當重要的漫畫版。查普曼表示，這樣導演可以「探索角色，瞭解他們是誰、會做出什麼樣的行為、有怎麼樣的情緒發展。還有，這個故事是否說得通？主題設定得對不對？步調理想嗎？這只是初步的藍圖，而故事分鏡師要同時寫故事、演故事、畫故事」。

沒錯，查普曼是導演，但她的技能和知識還是有不足之處，畢竟查普曼是從動畫分鏡轉做導演，她不是片廠工程師或行銷人員。如果沒有其他人替她執行這些必要的工作，她就無法實現導演與創作方面的願景。

在大部分的創意工作中，合作夥伴不可或缺。這道理似乎淺顯易懂，但是我訪問創作者的時候，什麼**類型**的合作夥伴幫助最大，令我感到驚訝。為了弄清楚這一點，我訪問了兩位年輕的創意人士，那個時候，他們剛好度過非常精彩的一年。

停下來、合作、傾聽

班傑・帕塞克（Benj Pasek）是個熱情洋溢的人，連我們通電話時，他的聲音聽起來，都好像他正上上下下跳著。相反地，賈斯汀・保羅（Justin Paul）是一個安靜、心思縝密的人，回答問題前多半會先停頓一下。[19]他們兩個有可能不大合拍，卻組成一個取名適切、成就非凡的雙人詞曲創作團體「帕塞克與保羅」（Pasek and Paul）。他們為二〇一七年人氣電影《樂來越愛你》寫歌詞，拿下金球獎和奧斯卡獎。在我訪問他們的兩個星期前，他們以音樂劇《致艾文・漢森》（*Dear Evan Hansen*）拿下一座東尼獎，成為那一年「已售罄、拜託幫我找票」的百老匯音樂劇。

這兩個人是在大學的芭蕾舞課認識，他們都有一個特質：肢體完全不協調。帕塞克回憶：「那堂課我們都躲在對方後面，找一些分散注意力的東西讓老師不要盯到自己。帕塞克和保羅剛認識時，帕塞克發現保羅鋼琴彈得很好，就請他幫忙修改他在高中時期寫的幾首流行歌。

沒多久，他們開始在校內的小型練習室待上好幾個小時。兩人一拍即合，就如保羅回憶時說的：「我們還沒發覺，就一起寫歌了。」

隔年，他們都試著爭取演出學校音樂劇的主角，但雙雙失敗。帕塞克飾演「拿相機的人」，保羅則飾演「驗屍官／替補舞者」。心灰意冷之餘，他們決定創作一齣自己的音樂劇，叫《邊緣戀曲》（*Edges*），劇中集結一系列探討人生意義的歌曲，其他角色則是由同樣沒入選校方音樂劇的同學擔綱演出。

《邊緣戀曲》不是用來消磨時間的創作。這場表演的影片在張貼到臉書之後瘋狂流傳，沒多久，全美各地的校園團體紛紛向他們徵詢演出《邊緣戀曲》的許可。

因為這個緣故，這個雙人組很快就成為音樂劇的明日之星。知名製作人想要指導他們，媒體也喜歡他們。可是，帕塞克和保羅是怎麼看待彼此的？是什麼讓他們成功合作？對帕塞克來說，賈斯汀．保羅提供他將點子導向成品的架構。「對於創作流程、過生活的方式，還有怎麼安排自己的時間，賈斯汀有非常嚴謹的一套。」這種系統化的思維對帕塞克非常重要。「如果沒有他，我不會這麼重視這一點。我學到，能為自己和創意流程建立那樣的架構，有多寶貴。」

就帕塞克來說，他這樣的思想家、夢想家、幻想家，需要保羅這樣的規畫者、修補者、宅男。音樂劇的創作流程很少一路通到底，帕塞克和保羅的動力與合作關係，能讓兩人都發光發熱。音樂劇首演通常是在紐約市外，在次級市場表現得好，才有機會闖進「外百老匯」（Off-Broadway）。《致艾文．漢森》的生命在華盛頓特區的一間劇場展開，當地媒體大力讚揚，但有一個問題：第一幕的最後一首歌沒有讓觀眾感受到戲劇張力。[20]更糟的是，這首〈我的一部分〉（A Part of Me）並非樂觀的歌曲，有些人甚至覺得批判意味太濃。這齣戲要在外百老匯演出時，帕塞克和保羅試了一首新歌〈包圍〉（Surrounded）。但那首歌的效果也不好。

保羅想寫出更好的歌曲，但要怎麼做呢？他陷入困境。就在這時，他去找帕塞克。帕塞克開始腦力激盪，在日誌上寫了滿滿三頁的字句。對保羅來說，這種如洪水般蜂擁而來的大量點子，正是他需要的東西。「不管是一堆絕佳的點子，還是九個糟糕的點子和一個好點子，讓點子流動就很有幫助。只要讓事情啟動、展開流程就行了。有時看見一大堆問題，我會覺得動彈不得。」保羅從經驗得知，他太專注於流程，可能因此陷入窠臼。他需要能夠激發出新點子的合作夥伴。如果沒有帕塞克，保羅告訴我：「我的創意動不動就卡住。」

在那本日誌裡，有一句話吸引保羅的注意：「會有人找到你。」那句話最後成為《致艾文．漢森》第一幕最後一首歌的歌名。除此之外，帕塞克說：「這句話成為整齣劇最重要的主題，講我們怎麼拯救自己、怎麼相信終究會雨過天青。」《致艾文．漢森》在百老滙首演時，《紐約時報》有一句評論特別令人開心：「第一幕結尾和第二幕開始再次出現的那首〈會有人找到你〉，是一首慷慨激昂的頌歌，令人尤其難忘。」[21]

帕塞克和保羅為對方完成獨自一人做不到的事，因此他們成就斐然，屢創佳績。

儘管如此，合作關係很少是永遠愉快的。有時候，他們抱持不同的觀點，也會產生摩擦。但他們不會選擇妥協，也不會選擇削弱力量、弄得一團亂的結果；保羅相信，與其只採行其中一方的觀點，他們僵持不下的兩種觀點會讓事情變得**更好**。「這不只是妥協，而是向前推進，所以不單是水平移動，我們也垂直移動。」

基於這個原因，我將理想的合作對象稱為**互相衝突的合作對象**。基本上，你不會想跟太好相處、不會督促你的對象合作。你的目標應該是找到一個能幫助你找出缺點並加以克服的人。

理想的合作對象會平衡對方的弱點，並提供不同的觀點。畢竟，創意是一種團隊運動，即使你沒有像班傑．帕塞克或賈斯汀．保羅這種密切合作的夥伴，你還有其他可以合作的對象。舉例來說，帕塞克和保羅請一位作家幫忙寫《致艾文．漢森》的對白，也請了一位導演和一位負責確保資金周轉無虞的製作人，更不用說眾星雲集的演員和歌手陣容。

在人才濟濟的環境裡，要找到互相衝突的合作對象會容易許多。對班傑．帕塞克和賈斯汀．保羅來說，那個環境就是戲劇課程實力堅強的大學。對布蘭達．查普曼來說，則是洛杉磯的加州藝術學院。跟我談過的言情小說作家，有很多人是透過「美國羅曼史作家協會」（Romance Writers of America）這個團體找到合作對象，最後不僅成為他們的朋友，還提供意見回饋，協助編輯工作。

當然，網路讓合作以及找到同好變得更容易。畫家強納森．哈德斯提透過網路留言板，獲得追蹤者的建議和意見。有些創意人士則是從離家**近得不得了**的地方找到合作對象。布蘭達．查普曼成立新的製作公司時，合作夥伴是才華洋溢的迪士尼動畫師凱文．利瑪（Kevin Lima）——剛好是她的先生。

擁有大師級的老師和互相衝突的合作對象，似乎涵蓋很大的範圍，但是那不表示你的創意社群就此完備了。你還需要另外兩種社群成員。一個是現代繆思——不斷啟發和激勵你的某個人或一群人。如果你以創意為畢生職志，你一定會遇到幾次低潮。找到讓你度過這些低潮的支持系統，能讓你重拾活力和樂觀的態度，假以時日，更有可能達到世界級的成就。此外，這些繆思通常會提供創意的素材與原料。最難能可貴的是，他們未必單純扮演支持的角色，我們會發現，最棒的靈感有時候來自良性競爭。

現代繆思

對某些小孩來說，《週六夜現場》（*Saturday Night Live*）只是父母親看的一個節目而已，屬於「大人」的節目。但是對哈里．孔達波魯（Hari Kondabolu）來說，看《週六夜現場》是童年時期的例行公事。[22]這不令人意外，因為他和朋友都很迷喜劇。「我們在沒有要刻意研究的情況下，研究了這個節目。而且我們不知道自己在研究，但是我們看《週六夜現場》，會錄下來重看；看《康納秀》（*Conan*），也錄下來重看；我們看單口相聲，也聽單口相聲。」

這樣不斷的吸收，讓孔達波魯愛上單口相聲，也有了深刻的瞭解。最後，他把對喜劇的熱愛和對社會正義抱持的熱情兩相結合，產生獨特的社會喜劇形式。現在，《紐約時報》

稱他為「當今最能激動人心的政治喜劇演員之一」。[23]他到全美各地巡迴演出，而他最近一張專輯《美國主流漫畫》（*Mainstream American Comic*）甫推出，就登上告示牌喜劇專輯榜第二名。

我跟他聯絡，因為我想瞭解喜劇演員的創意流程。孔達波魯帶我從頭到尾瞭解創作一套喜劇的流程；我意外發現，他的成功有很大一部分歸因於他在身邊打造出來的社群。一切要從孔達波魯小時候講起。他的弟弟也熱愛喜劇，兩個人在一起，成了彼此最早的觀眾。隨著年齡漸長，孔達波魯發現，朋友在他的職業生涯中也扮演非常重要的角色。「有時候我和朋友的對話非常好笑。大部分人和朋友說笑，繼續過他們的生活，但我會把有趣的對話寫下來，因為那是我的工作。我收集想法，不放過任何元素，因為之後可以派上用場。」孔達波魯的朋友並非他的合作對象，卻是有力的靈感來源。他們其實就是我所謂的**現代繆思**：這些人為創作者提供運用題材以及實際的動機。其他喜劇演員同樣扮演這個角色。孔達波魯發現，當他花時間和其他喜劇演員在一起，他會更有熱情。「喜劇演員聚在一起的時候，周遭會有某種活力。」

創意生活充滿情緒起伏，說坑坑洞洞也許更貼切。創意人士需要有他人提供活力，讓他們度過這些困難時刻。支持和啟發總是有利的，但最好的現代繆思也會用良性競爭來達到督促的效果。

衝點閱率

凱西．奈斯塔特（Casey Neistat）是原創的人氣影片明星。早在 YouTube 還未問世的年代，他就在製作短片並上傳網路。二〇〇三年，奈斯塔特上傳一支三分鐘的影片，內容是他想讓蘋果公司替他更換 iPod 電池的不幸遭遇。[24] 沒多久，這支影片被主流媒體引用，最後有數百萬人看到奈斯塔特的短片。HBO 請他用類似的內容創作自己的節目，卻只維持了一季。[25] 被主流媒體拒絕又遭受打擊，奈斯塔特從此全心全意在網路上發展，就如他所說：「我奔向展開雙臂歡迎我的 YouTube。」二〇一〇年，他在 YouTube 發表第一支生活影片，至今這支影片的訂閱者超過八百九十萬人，而他的影片大都能吸引一百萬以上的觀賞人次，有些則高達兩千萬。[26] 過程中，奈斯塔特還推出影片共享新創公司 Beme，這間公司後來據稱以兩千五百萬美元被有線電視新聞網（CNN）收購。

奈斯塔特或許是自己影片中的主角，但是在生活中，他則是和無數胸懷大志的創意人士為伍。

「我朋友的職業大都以創意為主。」奈斯塔特這樣告訴我。他的妻子也是其中一員，她成立、經營兩間珠寶公司。身邊充滿創意能量，不僅激勵奈斯塔特，他和他身邊的人也因此更上層樓。「我們在彼此的扶持下成長茁壯，這是非常有益的人際關係。」

大部分創作者都**喜歡**結交能良性競爭的朋友。YouTube 明星康納．弗蘭塔說得非常明白。「每次我朋友或是我同期的 YouTube 玩家做出有趣、獨特、境界更高的東西，我就深受激勵。這會讓我更想鞭策自己，想辦法提升到下一個境界。」

弗蘭塔跟奈斯塔特一樣，有許多創意藝術家都擁有的渴望，像是認識其他具有相同抱負的人。「我試著跟一些從事有趣創意的人為伍。我有朋友在 iTunes 排行榜推出冠軍暢銷專輯。另一個朋友有一條產品線，在『空中快遞』（Aéropostale）服飾網站賣到一億美元的業績。還有一個朋友得過青少年票選獎（編按：美國福斯廣播公司舉辦的年度獎項，由青少年票選，包含音樂、影視、運動等領域）。」

與其他創意人士為伍，不論他們的領域為何，都能讓許多創作者更有動力，幫助他們度過工作中最低潮的時刻。創意社群中的現代繆思不只能令你寬心，得到認可，進而鼓舞你；這個人也能讓你看見自己做得到哪些事。例如康納．弗蘭塔的朋友證明，YouTube 明星不一定要堅守拍片的路線，這個想法為弗蘭塔日後設立公司鋪了路。

如果這些人已經是你的朋友，要把他們找出來並非難事。但假如你沒有這樣的朋友呢？假如你是從零開始？要得到答案，我們必須再次回到藝術史上某個多采多姿的時期看一看。

倉庫工作室的驚人力量

知名藝術家傑瑞米．戴勒（Jeremy Deller）是二〇〇四年透納獎（Turner Prize）得主，這個獎項認可的是重要卻有爭議的現代藝術作品。然而，戴勒曾經是一名住在倫敦的二十歲小夥子，剛拿到藝術史學位，對安迪．沃荷深深著迷。[27]在自拍還沒流行的幾十年前，戴勒聽說安迪．沃荷來到倫敦，他知道自己一定要跟他拍上一張照片。

戴勒到安東尼德奧菲畫廊，安迪．沃荷就坐在一張桌子後面簽紀念品。戴勒走上前去，安迪．沃荷便在戴勒的棒球帽上快速簽名。

後來戴勒在畫廊裡慢慢逛，跟某人聊起來，那人是安迪．沃荷的朋友。最後，戴勒受邀稍晚加入安迪．沃荷和他那群朋友，一起出去喝了一杯。

戴勒抵達時，安迪．沃荷和五個朋友坐在一起，看著消音電視播放的喜劇節目，一面聽著英國華麗搖滾。就在這個不停斟滿飲料的夜晚，戴勒成了安迪．沃荷的藝術創作對象；他同意戴上滑稽的帽子，如願跟安迪．沃荷合照。

那晚結束時，傑瑞米受邀到安迪．沃荷位在紐約的工作室「工廠」（Factory）待上兩週。那也是安迪．沃荷的社交場所。

傑瑞米曾經形容，「工廠」就像現在新創辦公室的早期版本。「那是非常酷炫、古怪的工作/玩樂環境，就是現在Google這種科技公司的流行作法。」他說：「有彼此連通的房間……有一扇門通往另一棟建築，是位於後棟的《內幕》（*Interview*）總部〔安迪．沃荷創辦的雜誌〕。所以，整個工作室布局都在安迪．沃荷的心裡：有出版部門、位於頂樓的拍攝部門、畫室、商業部門、餐廳。他創造了一個世界。」

令傑瑞米驚訝的是，偶像人物安迪．沃荷很會在「工廠」裡社交。「他很會聊天，這對他來說是收集情報。他總是在跟人往來、閒聊。然後他會把這些統統變成藝術。」戴勒描述安迪．沃荷是怎麼「跟有抱負、有創意、才華各異的人為伍。他在工廠打造的工作環境，現在是創意人士遵循的標準。你可以從那些來來去去的人身上，得到能轉成藝術養分的點子」。

安迪．沃荷打造一個由現代繆思和合作對象組成的社群；這些人顯然和他一起發揮了想像力和敏銳度。我們大部分的人把擁有共同經驗（大學、家鄉）的對象當朋友，但創意藝術家會找到跟他們一樣有創作熱情的夥伴。

但你不必成為安迪．沃荷，也能打造這樣的社群。

我先前提到的知名社會學家米哈伊．齊克森米哈伊，持續追蹤他研究的藝術系學生的職涯發展。[28]他曾經寫下，成功人士身上有一個不尋常的模式。「我們研究的年輕藝術家，畢業後有所成就的，大都在倉庫工作室展開職業生涯。成就最高的六個人，甚至在離開學

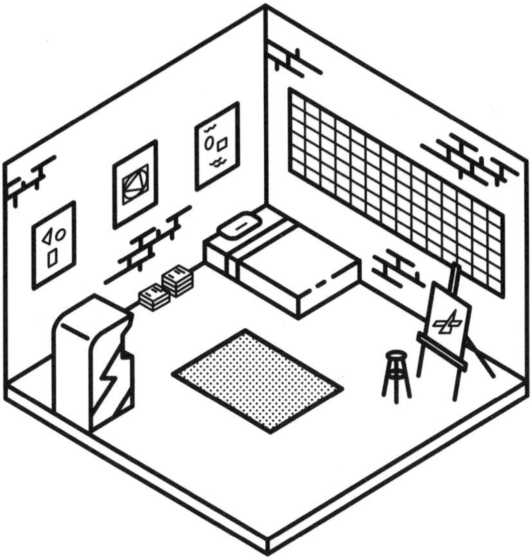

校之前就租了一間倉庫工作室。目前為止，那些未能成功的學生，沒有一個這麼做。」

為什麼會這樣？想當然，倉庫工作室是儲存畫布的好地方。但是這些寬闊的場地還有另一個用途：這是讓藝術家跟合作對象、繆思人物，以及客戶為伍的所在。

齊克森米哈伊還發現，倉庫工作室代表一個信號，讓藝術圈知道，住在那裡的某個藝術家或一群藝術家，態度認真，希望得到社會大眾的認可。

其實，成功的倉庫工作室有一個**至關重要**的角色，就是當作辦派對的空間。齊克森米哈伊寫道：「倉庫工作室是藝術家用來接觸大眾的非正式機構。

不辦派對、沒有訪客、在藝術圈沒沒無聞的倉庫工作室，就不具備這樣的公共機構特徵。」

我們大部分人都沒辦法像安迪·沃荷那樣，蓋一棟兼具辦公室和工作室的大型複合式建築，但是租一間藝術家能使用的倉庫工作室，是降低成本的好方法，可以吸引到必要的創意社群成員，如現代繆思。倉庫工作室甚至可以讓藝術家找到第四類，也就是最後一類創意社群成員：**舉足輕重的推手**。

舉足輕重的推手

瑪麗亞·格佩特·梅耶（Maria Goeppert Mayer）得過諾貝爾物理獎（繼居禮夫人之後第二位女性得主），二次世界大戰期間加入曼哈頓計畫。[29]她一生發表過無數篇論文，學術生涯備受崇敬。

今天，她在人們心中是學術界的巨人。但是一九三一年、她二十六歲時，只是一名沒沒無聞的年輕研究員。

她最後是怎麼拿到科學界的最高獎項的呢？

研究員哈里特·朱克曼（Harriet Zuckerman）對她及其他諾貝爾獎得主的故事很感興趣。[30]朱克曼想知道，我們能從這些得獎者的早期職業生涯學到什麼：有沒有邁向成功的明確步驟？

為了回答這個問題，朱克曼幾乎訪問了每一位仍在世的諾貝爾獎科學類美籍得主。她的著作《科學菁英：美國諾貝爾獎得主》（*Scientific Elite: Nobel Laureates in the United States*）收錄了她的發現，成為研究「不凡成就」的重要文獻。

朱克曼發現，將來會得到諾貝爾獎的人，二十幾歲的生產力比一般學者高出百分之一百七十。她研究的諾貝爾獎得主在二十幾歲時，平均發表七．九篇論文；相較之下，一般科學家只有二．九篇的成績。你很可能會想，**當然是這樣啊！我們不就是覺得他們比較聰明、努力嗎？畢竟，那是他們會獲頒諾貝爾獎的原因！**問題是，朱克曼訪問得獎者時，她發現了一個不一樣的答案。

一九三一年夏季，瑪麗亞．格佩特．梅耶和知名物理學家馬克斯．波恩（Max Born）共事；波恩本人也在一九五四年獲頒諾貝爾獎。他們共同撰寫了一篇論文〈晶體動態晶格理論〉（Dynamic Lattice Theory of Crystals）。資深研究人員經常和年輕科學家合作，這並不令人意外，但這個故事有個不尋常的發展。一般來說，頂尖研究人員會盡量不讓年輕科學家在最後正式的論文列名。對年輕的同事來說，這麼做是在「履行義務」。不過後來大多數的諾貝爾獎得獎者告訴朱克曼，他們的指導老師都反其道而行——不僅分享功勞，還經常把**較多**功勞歸給年紀較輕的學者。朱克曼寫道：「聲譽卓著的大師不僅把年輕同事引用的書目加入引用資料（給他們合著者的身分），也經常將資淺作者的名字列為研究的第一作者，好提高他們的能見度，盡到高貴人士應盡的道德義務。」就某些案例，大師甚至抽掉自己的名字，讓徒弟獨享功勞。

結果，並非得獎者的生產力真的比其他學者高出一倍，而是和他們一起研究的導師傾向於分享功勞。如此一來，就產生一般所謂的「累積優勢」；簡而言之，就是早期優勢有加成效果，可能隨著時間過去會造成巨大的差異。這些年輕學者到了三十歲，會比其他研究人員更有名氣，更難追上。

這些日後得獎的人士，已經有名聲卓著的前輩推他們一把。資深研究人員給了他們建立優勢的影響力和基礎。

我在先前的章節談過，要成為人們眼中的「天才」，你還要**獲得認可**。埋頭苦幹或充分展現技術，這是不夠的——你還要讓社會知道你有功勞。正因如此，創意社群中最後一類重要成員是舉足輕重的推手：某個聲譽卓著，而且願意擁護你和你的作品的人。

這種現象不僅限於科學領域。舉例來說，音樂產業經常看得到舉足輕重的推手。最顯著的例子是，較受歡迎的藝人會讓較不知名的藝人在巡迴表演中擔任開場嘉賓。二〇〇六年，鄉村樂團雷可福磊斯（Rascal Flatts）安排一名叫泰勒絲的十幾歲少女擔任最後九場巡迴表演的開場，幫她在鄉村界打響了名氣。[31] 二〇一五年，泰勒絲回報這份恩情，請當時十六歲的尚恩．曼德斯（Shawn Mendes）替她的世界巡迴演唱會開場。[32]

找一位舉足輕重的推手，聽起來也許很困難——怎麼會有人願意把他們的功勞給你？然而研究告訴我們，不是只有徒弟從這樣的關係獲得幫助，擔任推手的人也會因此受益。

當內行人好，還是外行人好？

紐約大學的研究人員想瞭解，理想的團隊具備哪些要素。[33]是一群有技能、有「新鮮」點子的新手比較好，還是一群能為計畫增添經驗和聲望、已經功成名就的人士比較好？

為了得到答案，他們研究一九九二年到二〇〇三年，好萊塢主要片廠推出的兩千一百三十七部電影的工作人員名單。[34]檢視每部電影的七個重要職位——製作人、導演、編劇、剪輯師、攝影師、美術指導、配樂師，最後列出一萬一千九百七十四人。再利用線上電影產業資料庫，將這些工作人員的關係畫成一張張專業網絡圖。

最後，為了判斷這些電影在創意方面是否有所成就，他們檢視這些電影獲得的重大獎項數目各有多少。

研究團隊想要知道，當聲名遠播的人物（舉足輕重的推手），還是當不為人知的成員（需要有人來推一把）比較有利。結果，兩者皆非。

研究人員的結論是，最好的位置介於兩者之間；換句話說，最好在大人物和邊緣人物之間。研究人員發現，向中心靠攏時，「可以直接接觸具有社會正當性的來源而獲得好處。」不過，涉足邊緣活動能讓人持續接觸新穎的點子。「避免跟外圍人士失去聯繫，可以接觸到較可能在網絡邊緣萌生的嶄新想法，又能遠離社會上已根深柢固的領域中的服從壓力。」

處於大人物和邊緣人士之間，有助於創造熟悉、可靠，卻又新穎的內容。

那麼，假使你已經功成名就，是個大人物呢？或者反過來，如果你是後起之秀呢？紐約大學的團隊得出第二個結論：同時納入大人物及後起之秀的**團隊**，能像個人朝中間靠攏一般，得到同樣的好處。因為位在邊緣地帶的成員，能提供大人物嶄新的點子，而大人物能提供必要的聲望和可靠度。假使你已經功成名就，這個發現則是強調，如果你想將創意成就發揮到極致，讓新鮮的聲音進入團隊，對你來說是多麼重要的一件事。你需要這個能提供新穎點子的來源。你若是後起之秀，則需要一位舉足輕重的推手，來幫助你獲得認可。

找到這些人的最佳方法是什麼？

不幸的是，這類問題的答案也許不大討人喜歡。因為很多時候你**必須**換個地方住。如果你想投身電影、電視或音樂產業，你不得不搬到洛杉磯去。如果你想當一名現代或純藝術家，可能得在某個時間點前往紐約。

假如你已經功成名就，也住在那些城市了，別忘了用你的聲望拉新人一把，這樣不僅能把好意傳遞下去，也能從其他人的新點子獲得好處。

創意社群

當我們偶然瞥見知名企業家、演員、音樂家、詩人出現在雜誌上，很有可能又會贊同創意領域的孤獨天才理論。但我為了寫這本書所採訪的高成就創意人士，幾乎都打造了一個創意社群，在他們創造爆紅事物的過程中，持續給予幫助。

這些創意社群中，主要有四種人：

一、大師級的老師——這個人會教你這門技藝或這個產業有什麼模式、公式，確保你創造出來的東西熟悉感恰如其分。在你透過刻意練習磨練技藝時，他們也能提供你需要的意見回饋。

二、互相衝突的合作對象——每個人都有缺點。為了不讓它成為致命傷，你必須找到一個人或一群人，這些人身上的特質能夠彌補你的不足。

三、現代繆思——在創作生活中，心靈經常會遭受嚴厲的打擊。你身邊要有會激勵、啟發你、讓你堅持下去的人。他們可以是新點子，甚至良性競爭的來源，督促你拿出最佳表現。

四、舉足輕重的推手——要在創意領域成功，你需要得到認可。舉足輕重的推手已經擁有聲望，而且樂於和你分享。這樣不僅對你有幫助，也會對舉足輕重的推手有所助益，他們能藉此接觸到新點子，幫助他們待在創意曲線中的理想位置。

頂尖的創新人士明白，創意成就不是一場單打獨鬥的冒險，單單一個主要的合作夥伴並不夠。我們身邊需要一個由各種角色的人士組成的社群。

重要補充

不幸的是，正因為創意社群很重要，女性和少數族群在創意領域會比較難獲得認同。在我進行過的所有研究當中，「頂尖」企業家、藝術家、廚師或其他創意人士這份名單，白人男性占絕大多數。南加大安納堡傳播學院所做的一項研究發現，在四百一十四部好萊塢強檔大片中，百分之八十五的導演和百分之七十一的編劇是男性，而百分之八十七的導演是白人。顯然有個地方不大對勁。

針對這種不平等的環境，一間名叫「黑名單」（Black List）的媒體公司誕生了。這間公司的名字另有含義，所謂「黑名單」，指的是麥卡錫年代，有不少好萊塢劇作家被懷疑是共產黨員，被列入黑名單，因而找不到工作。這間公司主要提供兩項服務。

二〇〇五年成立的黑名單公司，每年製作一份清單，列出業界尚未拍成電影的精彩劇本。這份清單來自對好萊塢高層人士進行的調查。目前為止，包括《貧民百萬富翁》、《王者之聲：宣戰時刻》、《驚爆焦點》（*Spotlight*）等電影在內，「黑名單」上已經有超過三百個劇本拍成劇情片，總共累積超過兩百六十億美元的票房收入。

除此之外，黑名單公司現在有一個網站，供劇作家投稿，再由專業評論家評分。劇作家投稿時，可以選擇要不要附上族裔和性別。網站上的專業評論家看不到這項資料，但黑名單也會公布一份報告，將劇作家的族裔、性別與劇本獲得的評分兩相對照。資料顯示，從族裔或性別來看，劇本得分都沒有出現顯著的差異。事實上，女性劇作家還比男性劇作家得分稍微**高一些**。沒錯，如我前頭說的，電影產業由白人男性主導。

顯然某些結構上的因素，讓不同的聲音無法在創意領域有所突破，但是不該如此。我猜這跟少了創意社群有關。人們在這個世界多半會尋找同類，無論是外貌、說話方式或想法，女性和少數族群很難找到足夠的人來組成創意社群。

不過，希望仍未破滅。相關意識抬頭，加上「黑名單」這樣的工具，情況已有所進展。黑名單網站創立人富蘭克林．雷納德（Franklin Leonard）表示：「黑名單開拓了女性及有色族裔劇作家的任用管道，並且提供一個發掘賢能的系統，藉此對改變貢獻一份心力。」雷納德補充，改變當然也有資本上的考量。「改變正在發生，推動的力量主要來自於，人們開始明白，女性和有色族裔的創作或他們製作的電影是一門好生意，一直都是。」

在你打造自己的創意社群時，要記得，與各式各樣的人為伍不僅有益社會，也會提升自己的創造力。

我已經談過創意故事中隨處可見的迷思、創意曲線的科學，以及掌握創意曲線的三大法則。為了解釋最後一項法則，我要帶各位到一間口味實驗室去；這間實驗室的擁有者是世界上最受人喜愛、最美味可口的品牌之一。

第10章

第四項法則：反覆修改

我坐在佛蒙特州伯靈頓市的班傑瑞全球總部內一間叫「胖老公」（Chubby Hubby）的會議室。跟這裡許多會議室的命名方式一樣，胖老公是公司最知名的冰淇淋口味之一。[1]我的旅程來到這個奇特的州，一切都如我所預期的。我留宿的飯店有賣班傑瑞冰淇淋和佛蒙特楓糖漿。我看到市區街道上，到處都是電動汽車。班傑瑞的停車場甚至有班傑瑞的……品牌專屬特斯拉汽車。

這間辦公室於一九九六年設計，但它散發出矽谷新創公司的感覺。早在Google和臉書之前，班傑瑞已經建立起打破舊習的文化。這間辦公室歡迎小狗（我造訪期間，時不時傳來狗叫聲），而且大門口有一道超大的紅色溜滑梯，讓員工從二樓會議室溜到一樓。此外，還有一間大型健身房（有助於抵銷「班傑瑞十磅」，譯註：班傑瑞員工剛進公司時，通常會吃太多冰淇淋，大概在吃下十磅（約四・五公斤）、變胖之後，會開始克制）、

一間瑜伽室，還有一間叫「銀河」（Milky Way，乳之路）的個人集乳室。

我來佛蒙特州，花一天的時間觀察班傑瑞的創意流程。在我長大的家庭裡，班傑瑞的冰淇淋不只是點心而已；對我母親來說，辛苦工作一整天下來，這是一種治療、一種放鬆心情的方法。

當我在這棟大樓裡四處走動時，無法不注意到每張辦公桌上都有空的冰淇淋盒。員工將他們經手的口味收集起來，彷彿是某種用厚紙板做成的戰利品牆。班傑瑞有這麼多口味，所以我猜到目前為止，新口味的發明過程既有效率又很順暢：食品科學家會想出新的口味、製作一批冰淇淋、嚐一嚐，然後做出「成功」或「失敗」的關鍵判斷。他們一定會諮詢其他團隊，但除此之外，這個創意流程非常直截了當：從美味的冰淇淋基底開始，加入一點餅乾，倒入一點焦糖。然後你看！又有一種新口味列入班傑瑞的產品名單了。

可是，我發現製作新的冰淇淋口味在班傑瑞是非常嚴肅的事。我花了一整天，學習班傑瑞製作完美新口味的四個步驟。就如我們接下來會討論的，我無法不注意到這個流程不僅用在冰淇淋的製作，也運用在我目睹的其他創作行為。

班傑瑞公司的創辦人在一九七八年開了第一間店，用伯靈頓市一間加油站改裝而成。傑瑞．葛林菲爾德（Jerry Greenfield，班傑瑞的「傑瑞」）向我解釋，從許多方面來看，這趟冒險之旅都有其必要：「班跟我開始經營冰淇淋店，是因為我們想一起工作，做些好玩的事，而且我們一直很喜歡吃東西，再加上其他嘗試都失敗了。」他們上了一堂五美元的遠端課程，學習怎麼製作冰淇淋。學會這項新的專業技能後，他們決定開一間店。

沒多久就在當地掀起一股熱潮。

今天，這間由兩位伯靈頓嬉皮創立的公司，以豐富的口味聞名全世界，包括矮胖猴子（Chunky Monkey）、櫻桃賈西亞（Cherry Garcia）和釣魚合唱團（Phish Food）。傑瑞最喜歡的口味一直是現已停產的椰子杏仁牛奶糖脆片（Coconut Almond Fudge Chip）。他回憶道：「不管在你心裡還是嘴巴裡，那種感覺就像到熱帶海灘玩了一趟。」但我想知道的是，這個品牌如何想出他們的口味，還有，既然討論到這個話題，那就不能不問：是**誰**想出來的？

班傑瑞每年推出六到十二種新口味。這表示他們一直面臨壓力，必須研發落在創意曲線理想位置的新產品。他們在公司裡是如何運作的？原來他們發明了一個可以重複進行的系統，讓熟悉感和新鮮感達到他們標榜的「甜蜜」點（刻意使用雙關語）。

在我深入探究時，我見到了幾個人。他們做的可能是全美國最棒的工作之一：班傑瑞口味大師。

爲冰淇淋落淚

我坐在班傑瑞總部的「口味實驗室」，眼淚從我的臉上滑落。

這些不是因為開心或難過流下的眼淚。

口味實驗室裡，擠滿了「口味大師」，這個班傑瑞的專門用語指的是負責創造冰淇淋新口味的食品科學家和廚師。這些大師在日常生活中，個個都是超級美食家。有些人之前是餐廳主廚，有些人是化學家，但他們都有創造口味的看家本領。此時此刻，其中一個名叫娜塔莉亞的口味大師，正在用實驗室的爐子煮看來很美味的辛辣午餐，但是我的眼睛實在受不了了。

我擦掉眼淚，請這個團隊帶我參觀創造冰淇淋新口味的流程。在我的想像中，這群人在等待味道和口感完美結合、做出成功的冰淇淋時，會不眠不休地做實驗，吃下一大堆冰淇淋。這個實驗室（包括我）的確吃了很多冰淇淋，但是創造口味的實際流程卻相當複雜，而且非常科學。牽涉到非常多的相關人士，有數量多到令人吃驚的資料，還隱約用到創意曲線。

這個流程之所以這麼井井有條，一個原因是，創造新口味要花很長一段時間——十八到二十四個月。意思是，口味大師不僅要掌握現今消費者喜歡什麼，還要掌握他們兩年後會喜歡什麼。

我能從他們的流程中辨認出四個具體步驟：構思、縮小範圍、培育、意見回饋。如我所料，這個模式在各式各樣的創意領域也一再出現。

在第一步「構思」的過程中，他們的目標是盡量想出有潛力的口味點子，愈多愈好。擬出清單時，他們會大量吸收食品界的趨勢（有時真的大量進食），藉此搜尋點子。例如，這個團隊可能會來一趟「趨勢之旅」，行程可能是到另一個城市旅行，除了體驗當地的冰淇淋，也體驗當地的飲食文化。在這趟旅程中，一群口味大師會突襲雜貨店，觀察人們買什麼東西，或者走進餐廳記錄客人的飲食口味，或是坐進一間一間的酒吧，觀察調酒師在最新的雞尾酒中加了什麼。就如口味大師克里斯說明的：「你白天醒來，開始吃東西，吃一整天。你一直在吃，到了晚上，你去吃晚餐，然後繼續吃。就是全心全意投入食物的世界。」

以冰淇淋口味創造者來說，克里斯瘦得驚人（多虧他超愛騎腳踏車）。他舉了前幾年到波特蘭考察的例子。這群大師在飯店外面閒晃時，偶然走進附近的一間酒吧，那裡有各式各樣的調味琴酒。有一款琴酒特別引人注意，是藍莓薰衣草琴酒，這個口味令他們驚為天人。他們回到佛蒙特，決定重現這個口味。克里斯回憶：「我們問供應商能不能複製那些口味或是那些組合，結果成功了！」不到兩年，班傑瑞就推出自己的招牌藍莓薰衣草冰淇淋，加入公司的希臘式優格產品線。

但旅行不是點子和靈感的唯一來源。這群大師也從網際網路和傳統雜誌發掘趨勢。暱稱是「憤怒主廚」的口味大師艾瑞克，會逛「品味餐桌」（Tasting Table）網站，上面有全美各地新餐廳的食譜。資歷較淺的口味大師莎拉覺得，Instagram 是很實用的工具，可以從社群動態中發現最新趨勢，例如添加各種瘋狂配料的巨無霸奶昔。對其他大師來說，《胃口大開》（*Bon Appétit*）或《食物與酒》（*Food & Wine*）等雜誌則是不可或缺的讀物。

這個吸收過程，讓班傑瑞公司明白哪些點子落在創意曲線剛要上升的位置。

口味大師也從公司內部得到很多支援。內部消費者洞察團隊便是其一，他們負責調查最新趨勢。洞察團隊和公司所有成員，一年到頭，都在名為「口味夥伴」（FlavorHood）

的內部臉書社團分享自己的點子；員工可以張貼有趣的食譜、食物概念；如果競爭對手的作法吸引到他們的注意力，也可以發表見解。

最後一點，也是很重要的一點，就是班傑瑞會向顧客徵求點子。班傑瑞在佛蒙特有一個團隊，成員都配有電話設備。有顧客打電話或寫電子郵件提供建議時，他們會追蹤建議並向品牌管理團隊報告；品牌管理團隊每年大概要研究**一萬到一萬兩千個**點子。這些由顧客提供的點子，很多已經做成冰淇淋口味。例如，我早上去的那間會議室就是以顧客的點子命名的——放了蝴蝶餅乾的「胖老公」口味。這個口味有個由來。班傑瑞的一位顧客想要在公司惡作劇，就把蝴蝶餅乾放進一品脫盒裝的班傑瑞冰淇淋裡，然後拿給一個同事，告訴她這是班傑瑞的最新口味。這個同事不但相信他的說法，還覺得**很好吃**。

這些資訊來源，讓口味大師觀察到還在生命週期早期的趨勢；由於班傑瑞公司的創新週期將近兩年，所以一定要這麼做。如果班傑瑞是憑空想出點子（口味），一旦這些點子達到陳腐點，口味上市時就落伍了。

二〇一六年，班傑瑞公司用杏仁奶當原料，推出非乳製冰淇淋（乳糖不耐症的人聽到都會很高興）。一位品牌經理告訴我，幾年前口味大師就觀察到大家對杏仁奶愈來愈有興趣，但直到最近，杏仁奶的健康食品利基，才隨著拒吃乳製品的「原始人飲食法」（Paleo Diet）拓展到主流群眾。艾瑞克說明：「我們是從發展初期就開始追蹤。」

簡單來說，班傑瑞的口味大師、品牌經理、行銷人員不相信自己的直覺，反而認定一個簡單的目標：傾聽目標客戶的聲音。這是一套看似簡單的理論，但成功人士往往因為自信心提升，而忘了這個道理。

班傑瑞公司尋找正在萌芽的趨勢時，能夠從各式各樣的資訊來源獲益——消化各種來源的資料，相當於用自己的方式吸收。

那麼，吸收了這些資訊之後，口味大師要如何想出值得一試的點子？在下一個步驟中，「限制」扮演關鍵的角色。

構思

冰淇淋的基礎是化學。就像艾瑞克告訴我的：「如果成分不均衡，就做不出滑順、綿密的口感。蛋白質太多，口感會沙沙的；糖粒太多，沒辦法順利結冰。」班傑瑞還有一項規定，就是產品的卡路里不能超過兩百五十大卡，而且每一份產品的含糖量不能超過二十五公克。這些限制創造了一條熟悉的基準線，定出班傑瑞的冰淇淋嘗起來應該是什麼樣子，幫助他們打造出適度的新鮮感。

除此之外，班傑瑞注重社會正義（他們的顧客或多或少也對此有所期待），所以班傑瑞使用的原料必須是非基因改造、出自原產地，還要通過公平貿易和猶太認證。因此，口味大師只能創造成分符合或超越這項高標準的口味。這表示，口味大師一整年都要跟供應商保持聯絡，瞭解有哪些原料可以使用。

班傑瑞還有生產限制要考慮。打破這些限制可能會引發嚴重的後果。

如果你曾經把巧克力和電影院賣的爆米花混在一起，你就知道這兩樣東西加在一起有多好吃，班傑瑞的團隊也同意這點。口味大師在實驗室創造出這個口味，希望造成轟動。大家對試吃品一致讚不絕口。可是，當班傑瑞做出第一批產品、送到市面上的時候，客服團隊收到排山倒海而來的抱怨：爆米花變得濕濕軟軟的！

看來，從工廠送到冷凍櫃貨架上和顧客家裡，花了好幾星期的時間，爆米花早已吸收冰淇淋的水分。其實，等到冰淇淋放進家用冰箱，所有跟冰淇淋混合的配料統統會變軟。

這種變軟的現象對爆米花來說也許不利，但在其他方面卻能發揮效果。我在實驗室裡的發現讓我很驚訝。班傑瑞使用的餅乾本身口感鬆脆（我是吃了「一些些」），但在品嘗班傑瑞加了餅乾的冰淇淋口味時，你會注意到餅乾是軟的。吸收水分可能會導致爆米花的口感有失水準，對餅乾來說卻有好處，吃起來變得有嚼勁、更美味。

最後一項限制是貨架空間。班傑瑞能出貨的口味種類受到一定限制，如果他們出太多類似的口味，會有讓目標客戶眼花撩亂的風險。班傑瑞的產品研發經理迪娜・懷梅特

（Dena Wimette）告訴我：「咖啡口味永遠不可能跟焦糖口味賣得一樣好，但我們需要多少種焦糖口味的產品呢？」

因為有這些限制，研究團隊可以在一個可能性少一點的環境中腦力激盪。他們著手研究，透過他們受到的限制去檢視，然後列出一份有兩百種口味簡介的清單，例如：加了櫻桃和牛奶軟糖薄片的香草冰淇淋。這就是我稱為**構思**的階段，創意人士會在此時想出一組看起來行得通的點子。兩百這個起始值是班傑瑞自行制定的，但想出各種可以在日後進一步改善的合理選項，是很重要的一件事。

縮小範圍

這就把我們帶到下一個步驟：將兩百種可能的選項去蕪存菁，留下十五個真正值得檢驗的選項。

藝術家一般比較不願意在作品完成前給別人觀看。但是優秀的創意人士（還有表現出色的公司）明白，唯有將作品早早並經常拿給目標欣賞者看，才能持續創作出達到創意甜蜜點的作品。在投入創作前**先**這麼做，是一件很重要的事，要把範圍縮減到那些成功**機率說得過去**的選項。之後，依照直覺和判斷來做最後選擇就沒錯了。

班傑瑞公司是怎麼縮減範圍的呢？

班傑瑞公司的電子報 ChunkMail 有七十萬名訂閱戶，都是班傑瑞產品的忠實粉絲。研究團隊列出兩百種口味選項的清單之後，用一句話描述這些口味，再寄給訂戶名單上某個具代表性的族群。這個問卷調查針對每一個口味點子提出兩個問題，請訂戶用一到五分回答：

> 你購買這個口味的可能性有多高？
> 這個口味有多特別？

基本上，研究團隊想要瞭解這些口味的熟悉度和新奇度（實際上，研究團隊試著評估創意曲線上的兩個核心要素）。「你購買這個口味的可能性有多高」，是要應答者根據他們知道或喜歡的口味，跟新口味比較，說出之後的購買可能性——這是另一種描述「熟悉感」的方式。迪娜告訴我：「如果你去看大部分人想要什麼，他們要的是加了布朗尼和焦糖的香草冰淇淋，或是加了餅乾和焦糖的巧克力冰淇淋。那些口味總是名列前茅，我們也很喜歡用焦糖和布朗尼做冰淇淋。」但是她和其他口味大師面臨的挑戰是，「做出獨特、但有趣得讓人想買的東西」，藉此讓品牌更上層樓。這就是獨特與否這個問題至關重要的原因所在。目標不光是找出消費者表示會購買的商品，還要找出新穎而且消費者購買意願強烈的商品——換句話說，落在創意曲線理想位置的東西。

這不完全是科學，但數據能為研究團隊指引一條明路，讓他們瞭解目標客戶如何看待他們提出來的兩百種口味。這項測試**很重要**；每個口味大師都這麼說。想想看：你花一整天的時間構思、製作、試吃冰淇淋，但你不能認為自己百分之百代表班傑瑞產品的真實消費者。要知道接下來怎麼做才是最好的作法，口味大師需要大量的外部意見。問題不光是新口味**好不好吃**這麼簡單，而是會不會賣得好。

研究團隊透過這項測試，選出他們認為新鮮感和熟悉感達到完美平衡的十五種口味。這個步驟就是**縮小範圍**。要創造出對的點子，你得從一份列出各種看起來行得通的點子清單，發展成有數據依據的子清單，上面的點子具有強烈的消費者和受眾意向指標。你的目標是持續深入瞭解點子落在創意曲線的哪個位置。

對很多創意人士來說，這種在初期進行測試的作法可能很可怕。畢竟，他們會面臨到遭受批評和被人拒絕的風險。

但這也是預測成功與否的唯一辦法。

經過這個有數據作為依據的步驟，接下來，要進入創意流程的第三個階段：培育。

培育

現在要開始試吃冰淇淋了。

這個時間點，口味大師會想出，要如何依照清單上的十五種口味，做出小分量的冰淇淋。克里斯向我解釋：「一開始，比較像烹飪研發的過程。有時我們必須走一趟當地的雜貨店，買農產品，做出自己的配料，可能是果醬或薄荷布朗尼蛋糕，一切都是為了讓創意發展下去。」

這個部分很重要，因為「人」是很重要的因素。一位品牌經理表示：「目前為止，他們紙上談兵都談得很好，但我們要確定這些口味真的很好吃。」十五種口味的少量手工冰淇淋都做出來之後，口味大師會試吃並徵求別的團隊和其他相關人士的意見。據克里斯說：「我們有一間樣品室，大家都會進去試吃。現場放了十種或十五種冰淇淋，一球一球挖出來請大家試吃，評斷好壞，絞盡腦汁，我們可能會說：『這好噁心。』然後把它丟到一邊，或者進一步改良。」

口味大師很快就會把他們喜歡的口味統統選出來。如果他們對某一種口味無法決定，通常會把樣品寄給老顧客，或是在門市放少量試吃樣品，看看冰淇淋愛好者有什麼想法。

這就是**培育**的過程。此時，我們仰賴的是「人」，不管是內部還是外部人員，這些人會提供品質上的意見。在縮減範圍階段做的調查，能幫助我們有個大致的概念，但還需要蒐集更深層的相關訊息，才能確認數據和直覺是否正確。

最終新口味孕育出來，他們就開始擴大生產規模。從六品脫變成六加侖，最後變成一萬加侖。但班傑瑞的員工怎麼知道他們做得對不對呢？

意見回饋

你吃過醃黃瓜冰淇淋嗎？

我跟口味大師說話說到一半，他們告訴我，他們最近在做一個實驗，用醃黃瓜汁做雪酪。其中一位大師艾瑞克大聲說：「棒呆了！」我的撲克臉撐不下去，露出某種受驚嚇的表情，但就在我還來不及說些什麼或表示抗議，艾瑞克已經轉向一名同事。「直接拿出來吧，回溫很快。」

我就是這樣吃到幾湯匙醃黃瓜口味的班傑瑞冰淇淋。

吃起來的味道，真的令我大感驚訝。

醃黃瓜雪酪**好好吃**。我的意思不是吃得下去，不是還可以，也不是「很有意思」，而是那種「讓人想一吃再吃」的**好滋味**。光是動筆描述，我的嘴巴就在流口水了。

那我們什麼時候會在超市冷凍櫃看到醃黃瓜口味呢？

就如你猜想的，答案可能是永遠看不到。研究團隊學到，即使是會造成轟動的點子，也要有足夠的熟悉感，才能吸引較多的目標客戶。康普茶和包括醃黃瓜在內的發酵食品，也許會成為一股正要興起的飲食趨勢，但還看不出這股趨勢的流行範圍夠不夠廣，能否說服口味大師這股趨勢足以打進主流市場。克里斯解釋：「這有一點困難，因為我們的產品發展週期非常長。假如這股趨勢的消長快到有如曇花一現，除非我們可以事先看見這股趨勢（這件事本身就很有挑戰性），否則對我們來說真的很難掌握。如果我們看得見趨勢發展，會試著在趨勢攀升之前就掌握住。」

既然研究團隊的一項工作是預測兩年內消費者會想要什麼，上市後的意見回饋在他們的流程中，顯然是關鍵的一環。就算經過好幾個月的規畫、測試、策略研擬，他們還是有可能判斷失準，執行時還是有可能搞砸。在意見回饋的階段，創作者可以評估他們是否達到創意甜蜜點。

因此，他們需要更多資料。

最早進來的資料，管道有電話、電子郵件、社群媒體。班傑瑞最後會收到銷售數據，但在早期階段，不論正面還是負面，愛好者的反應都是最重要的。如果新口味推得不成功，他們必須瞭解原因：是哪些錯誤假設導致失敗？如果我們仔細想想，就會發現任何創意流程的目標都不只有創造佳績而已，還要改善流程。流程本身就是可以令人絞盡腦汁並加以改良的「產品」。藉由改善這些工作流程，創意人士不僅能用較短的時間想出新點子，複製成功案例的機率也比較高。

就像創意曲線所描繪的走勢，消費者會改變他們的偏好，所以曾經行得通的點子可能會失去原來的特殊地位。創作者要持續估算和評判。要達成這個目的，克里斯告訴我：「我們在對的時間掌握了希臘式優格的趨勢。這對我們來說是一大創新，現在我們則要慢慢擺脫它了。」喜愛班傑瑞的客群正往別的東西轉移。

口味的生滅，在這個創意流程當中是重要環節。這就是為什麼我會在旅程最後，來到口味墳場（Flavor Graveyard）。口味墳場就在班傑瑞工廠後面的山坡上。那裡，佛蒙特大理石做成嚴肅的墳墓標示，證明這幾年間，各種口味曾經出現又消失在這個世界上（藍莓薰衣草冰炫風，安息吧）。

創意曲線的起起落落，讓點子從微不足道變得舉足輕重，然後又回到微不足道的狀態。這不是什麼大不了的事。

不管產品屬於哪種類型，要做出了不起的產品，反覆修改創意都是不可或缺的環節。所以早在投入創作之前，創意人士就該瞭解點子落在人氣鐘形曲線的什麼位置。在我研究過的各種領域，創意人士都自有一套方法，將點子去蕪存菁，產生一份最後的清單，列出

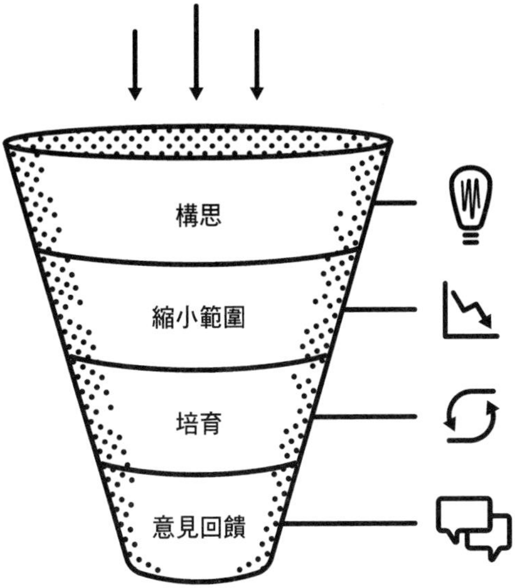

成功率最高的點子。我沒有刻意為這個流程編一個縮寫名稱，但各行各業的創作者，都採用我在班傑瑞大致歸納出來的四個步驟：

構思、**縮小範圍**、**培育**、**意見回饋**。

這個反覆修改的過程，讓每個人都能提升自己的作品，找到創意曲線上的理想位置。

那其他領域是什麼情形呢？比方說，做冰淇淋真的跟拍電影一樣嗎？

電影資料

研究創意曲線過程中，最令我驚訝的

一件事，是不同的領域竟然有很**類似**的創意流程。作家和企業家方法雷同；廚師和詞曲創作人用相同的方式規畫；電影製作人打造人氣電影的方法，跟班傑瑞推出新口味的方法如出一轍。

所有商業創意發展到最後，重點都一樣：打造在某個特定時間點、符合目標客戶品味（以及和目標客戶品味重疊）的產品。

拍一部電影要經過的創意流程（包括電影成品會用到的資料），是傾聽觀眾想要什麼的最佳範例。

尼娜・約克森（Nina Jacobson）在好萊塢的影響力數一數二。[2] 先前在迪士尼電影集團擔任總裁時，從《神鬼奇航》到《靈異第六感》，她讓無數紅透半邊天的電影順利完成、上映。現在她是「色彩力量」（Color Force）電影製作公司的創辦人暨執行長。[3] 這間公司製作的《飢餓遊戲》系列電影，創下全球三十億美元的票房佳績。得獎影集《美國犯罪故事：公眾與O・J・辛普森的對決》（*The People v. O. J. Simpson*）也是約克森和色彩力量的作品。我們談話時，約克森在馬來西亞拍攝一部叫作《瘋狂亞洲富豪》（*Crazy Rich Asians*）的新電影，改編自銷量超過一百萬本的同名暢銷小說。

儘管手機訊號斷斷續續，我們聊起她最後來到好萊塢工作的緣由。約克森在布朗大學主修符號學，她形容這個系是「一點馬克思主義、一點女性主義，加上一點精神分析理論」。她一面笑一面補充：「很符合布朗大學的風格。」

在大學讀書的時候，她也對電影理論這堂課深感著迷。這個科目跟符號學一樣盤根錯節，而約克森就愛這一點。「知識的概念是永無止境的迴旋，你可以深入、再深入，永遠不會到達終點，你永遠不會覺得自己精通了。」

畢業後，她往西岸發展，很快就找到劇本審稿人的工作，每天讀兩份劇本，為片廠製作撰寫摘要，說明劇本是否值得拍攝。她沒有察覺，但這是一段專心吸收的時期。「你讀得愈多，就愈能發展出說明作品給人什麼感受的語言。」簡單來說，約克森吸收流行品味的方法，以及錄影帶店員出身、後來成為 Netflix 主管的泰德．薩蘭多斯在亞利桑那學習電影知識的方法，如出一轍。

她的努力和敏銳的見解獲得認可，職業生涯一飛沖天。三十六歲的她入主迪士尼電影集團。二〇〇七年，創立色彩力量。

電影和電影產業如何運用反覆修改的過程和資料，激起我的好奇心，所以我打電話給她，想知道片廠是怎麼拍出完美的票房大片。

編劇率先登場。約克森解釋，作家會把自己關在森林裡可以遠離世俗的偏僻地方，等打出「全文完」這幾個字之後才現身，但編劇流程跟這種寫作方式天差地別。劇作家（或現在的劇作團隊）反而會和製作人、導演合作，有時候甚至會和演員合作。「在劇本創作初期，你也許會試圖大幅修改。」約克森說：「要不要完全撤掉這個角色？要不要試著從結構切入？」然後，隨著大方向愈來愈清楚，會著手修改比較細的環節。個別鏡頭的效果好不好？某個角色需不需要加台詞？

她的目標是什麼？「我要怎麼讓每個鏡頭盡善盡美，讓角色發揮、劇情推進、故事更棒？」反覆修改的作法，在整個過程中不斷發生；在看見作品化為現實之前，沒人能確定這些環節行得通。這是約克森盡可能將所有人拉進專案的原因。她補充：「我覺得傾聽在創意中被低估了。」

對約克森來說，傾聽觀眾的意見，滲透整個電影製作流程。即便電影已經剪輯完成，還是可以透過試映來評估觀眾的反應。她說：「如果你想讓大家感受到你希冀、渴望他們感受到的事物，你會想要有個機會，瞭解他們是否確實感受到。」

瞭解受眾——即使是像尼娜．約克森這樣經驗豐富、知名的電影界老手，都覺得很重要。我認為深入研究好萊塢背後的資料，能夠幫助我們發掘創意人士如何在工作中善用資料。例如試映怎麼運作？電影流程中的哪些環節，資料也發揮了作用？

放進框架

傳統上，電影行銷人員會將觀眾畫分成四個象限：男性、女性、超過二十五歲、二十五歲以下。

其中，至高無上的哲理（如果可以這麼形容的話）在於，電影和電影行銷活動必須鎖定這四個族群中的某一個或某幾個。例如，浪漫喜劇也許會把目標同時放在超過二十五歲和二十五歲以下的女性，而《阿凡達》這樣的票房大片可以四個象限都行銷。

好萊塢的四分象限法是國家研究小組（National Research Group）帶動的流行。[4] 一九七八年，兩位前政治民調專家創立了這間電影研究公司，決定把競選中的獲勝技巧運用到票房上。這兩位共同創辦人在二十一世紀初離開公司，但國家研究小組的現任執行長瓊・潘恩（Jon Penn）用政治中的類似概念向我解釋：「我認為，政治的重點是找到你的基本盤，並瞭解你的中間選民是哪些人。我想我們在電影民調和研究中運用相同的架構，也就是，『誰是你的基本盤，誰是你可以拉攏的中間選民，哪些訊息兩邊都行得通？』」[5]

長久以來，四分象限在找出這些團體的過程中，扮演著至關重要的角色。潘恩說明：「你想一想這個四分象限，就會發覺這根本複製了政治傾向分成民主黨、共和黨、無黨派人士的方法。四分象限打造出一個框架，讓你一窺究竟，瞭解不同的人口團體。」今天，

電影人口統計象限

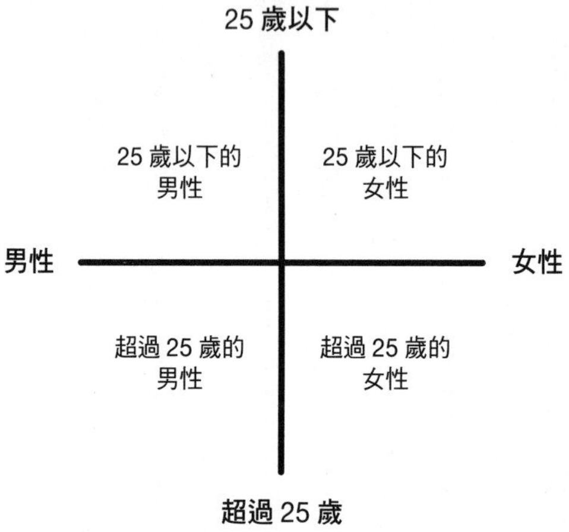

四分象限經過幾次修改，被更細微的心理變數團體所取代了（環境保護主義媽媽、注重影像的少男等），但整體來說，試映在電影業都是不可取代的重要步驟。

好萊塢高層將資料用在三個主要用途上。第一，四分象限上的目標群眾是否真的喜歡這部電影？第二，預告片和廣告是否吸引到對的團體？第三，首映週末之前的那幾個星期，社會大眾對這部電影的看法如何？相關傳聞是好、是壞，還是不好不壞？瞭解這些問題，就能視需要修正傳達的訊息和宣傳策略。

致命考驗

珍娜從電影院走出來，覺得沒什麼

意思，一副無精打采的樣子（這個星期過得很漫長）。她才剛看完《致命吸引力》（*Fatal Attraction*）的早期試映，而且她跟大部分的試映會觀眾一樣，不喜歡這部電影。

主要原因是什麼？結局令人不滿意。這部電影講的是情婦糾纏情人的故事。在原始的版本裡，這個情婦自盡了，還把自己的死嫁禍給她的情人。可是這讓觀眾覺得，情婦沒有得到應得的懲罰。

片廠執行知道他們遇到問題了，但要怎麼修正？

《致命吸引力》後來入圍六項奧斯卡獎項，全球票房達到三億兩千萬美元（以現今產值，相當於六億八千八百萬美元）。[6]話雖如此，《致命吸引力》的得獎版本跟早期試映版本並不同。

為了做到這一點，片廠必須重拍整個結尾。

新的結尾改成，飾演太太的安妮．亞契（Anne Archer），在饒富興味的一幕浴室場景，開槍射殺葛倫．克蘿絲（Glenn Close）飾演的情婦，終於打造出激動人心的結尾，為整部電影畫龍點睛。

試映或行話裡的「觀眾特映會」，成為新片上映的重要測試方式。約克森解釋：「我們時常會想：『喔，問一群消費者他們覺得怎麼樣，跟創意流程本身實在不相干。』但我們是為觀眾拍電影，所以瞭解他們在想什麼其實非常有用。」

電影研究產業如今的發展，跟國家研究小組剛成立的時候相比，已不可同日而語。好萊塢頂尖研究公司螢幕引擎（Screen Engine/ASI）的創辦人暨執行長凱文·戈茲（Kevin Goetz），專長是舉辦觀眾特映會。多年下來，他舉辦過的試映會次數，估計「超過一萬場」。[7] 我跟他討論，是想深入瞭解這些試映會如何進行，還有那些作法能不能運用到電影之外的領域。

一般來說，片廠會在電影初剪完成時舉辦試映會。電影配樂或幾個重要的特效可能還沒做出來，但電影的情節和步調已經大致底定。參加試映會的觀眾，是符合目標觀眾設定的男女；至少符合初步行銷策略的設定。

因為怕觀眾錄影或在推特上面爆雷，安檢很嚴格：觀眾必須簽署保密協定，把手機留在電影院外面，還要通過金屬探測器的檢查。

電影結束時，觀眾會填寫意見調查表，問題包含許多主題，從他們最愛的角色和場面，到電影步調是否太慢或太快都有。其中，兩個最重要的問題是：

你「一定會」推薦這部電影的機率有多高？

你對這部電影的整體評價有幾分？

結果是，這份研究得到的量化數據，往往可以決定一部電影的命運。有沒有哪些部分需要重拍？這部電影值得砸大錢宣傳嗎？

電影人和片廠製作會從這些調查結果，找出得分大幅高於平均值的電影。但這樣還沒完。接下來，會挑選一小群具代表性的觀眾，留在座位上參與討論，讓片廠更瞭解資料背後的**成因**。如果你不可能推薦這部電影，為什麼？是因為你討厭主角嗎？還是劇情拖拖拉拉？「試映會上，焦點團體通常是藝術和科學的交集之處。」戈茲說：「創意協調人會挖掘電影觀眾內心深處的回應，這些回應不一定會寫在他們作答的問卷調查上。」量化數據和質性資料結合，能提供電影人和片廠製作寶貴的見解，掌握這部電影哪裡拍得好、哪裡拍不好，以及最好的修正方式。

依據戈茲的經驗，大部分電影人和製片都明白測試的力量和價值。戈茲將資料看作是讓觀眾的反應更好的工具，而非用來懲罰電影人。「我的想法是，我用合理的方式運用它，不會把它當成藉機教訓人的成績單。但你在製作一部電影的時候，是為一大群觀眾拍攝（為片廠拍片尤其如此），成敗事關重大，而且不能否認有經濟上的現實考量。」

就本質來說，電影是劇作家、導演、製作人共同參與的一項創意工作。但電影跟所有創作一樣，必須反覆修改、運用資料，才能讓成品更上層樓、符合觀眾想看的東西；在此同時，也提供適度的新鮮感，引起觀眾的興趣。

就算電影剪輯完成，還是會產生資料。

電影行銷人員會繼續大量運用資料，讓宣傳活動辦到最好，吸引觀眾到電影院看電影。他們用到的技巧，出處也很特殊，就是白宮。

總統的資料

一九九六年，柯林頓總統站在民主黨全國代表大會的演講台上。[8]

「所以，今晚讓我們矢志打造一座通往二十一世紀的橋梁，迎頭面對我們的挑戰，維繫我們的價值觀。」

柯林頓的演講主題很明確。總統和他的團隊決定把重點放在柯林頓和每個美國選民共同擁有的價值觀。

價值一詞在這場演講中不斷出現。「如果我們想打造那座通往二十一世紀的橋梁，」柯林頓鏗鏘有力地說：「我們就要願意大聲、清楚地說出來：如果你相信美國憲法、人權法案、獨立宣言的價值，如果你願意努力工作，依循規則做事，你就是我們的家人。我們也以你為傲。」

那天晚上，柯林頓總統的行動依據是民調公司透過全國電話和商場訪談（真的在購物商場進行）得來的資料。一九九四年期中選舉後，民主黨輸掉美國眾議院大選，柯林頓總統的團隊在緊張不安的氛圍中，狠下心來測試他們傳達的訊息、挑選廣告，甚至按照選民在測試用小房間做出的最佳反應，定出競選主軸。

柯林頓經由民意測驗獲得的訊息見效了。一九九六年美國人投票時，柯林頓拿下三百七十九張選舉人票，鮑伯・杜爾（Bob Dole）拿下一百五十九張。從那次起，不管是民主黨還是共和黨，總統和各層政治人物，統統開始運用民調和測驗來打造完美的訊息，進而贏得選舉，獲得選民肯定，讓法案順利通過。

類似的研究能幫助電影取得票房佳績。電影上映前的幾週，研究人員會針對我們看到的預告片和電視廣告進行測試。

國家研究小組的瓊・潘恩解釋這個過程：「你有一部電影，我們試著把整部電影的精華提煉出來，然後試著找出十到十二個不同的主軸，能真正讓這部電影引人注目、獨樹一格。那些是創意行銷宣傳活動的基石。」目標呢？是「透徹瞭解有利跟不利的條件、主要角色、故事的引子、宣傳標語。如此一來，在檢驗視覺材料之前，可先想出策略藍圖」。

預告片剪好之後，測試會停止嗎？幾乎不會。以前，片廠會在商場挑選觀眾看預告片，藉此評估觀眾的反應，方法是「刻度盤測試」。這些觀眾看了預告片的某個段落，會依照喜歡或不喜歡的程度，把刻度盤轉向左邊或右邊。「刻度盤測試」現在通常用功能相同的線上測驗取代，目標是接觸到更多、更有代表性的觀眾。

電影人和片廠利害關係人的最大目標，是盡量讓尚未決定的潛在觀眾（相當於選舉活動的中間選民）買票進電影院。潘恩解釋：「預告片測試是一個反覆修改的過程。也可以說，這就像是直接走到前線，跟消費者面對面或是透過網路對談；你會嘗試不同的創意探索過程，弄清楚哪些是最有可能讓電影大賣的先決條件。」測試過程會找出讓觀眾有反應的關鍵要素。「你有可能會修改預告片，設計不同的片頭或片尾。你也許會在調性上下工夫，在音樂上動點手腳。如果是喜劇，你要確定預告片至少放了四、五個笑點，而電視廣告至少有兩、三個笑點。」

資料運用不會就此打住。

投票日的前二十四個小時，政治人物還在測試，搜尋最後投票結果的線索。假使流程出問題，他們會利用資料微調策略。

電影界也會使用類似的手段。

這叫作「追蹤」。

如果你覺得政治人物有壓力，那對片廠來說，每個週末基本上都是「大選日」。哪一部電影會創下票房佳績？為了得到競爭優勢，電影研究人員會做全國性的調查，來瞭解人們最喜歡看什麼電影。尼娜·約克森解釋這個過程：「追蹤的時候，市調公司會隨機找人做市調，問他們：『這個週末有哪些電影要上映？』」簡單來說，就是大家知不知道你的電影要上映了？這就是所謂的**不提示知名度**（unaided awareness），可以顯示行銷活動在這個文化的滲透程度有多廣。

民調還會提出兩個重要問題。約克森解釋：「接下來你會問：『嘿，你聽過《飢餓遊戲》嗎？』『是啊，我聽過。』這是提示知名度（aided awareness）。」最後，民調業者會問受試者，那個週末有沒有去看那部電影的打算。如此一來，電影公司高層就能評估他們的廣告是成功，還是功虧一簣。

約克森說：「有時候這是非常好的指標，你可以從中瞭解首映票房會很好，還是很差。」這些資料可能無法精準預測結果，但能夠提醒電影人會發生哪些問題，讓他們改善或修正策略。如果電影在重點族群中表現不佳，片廠可以投入更多剩下的預算，嘗試解決問題。

政治人物不是贏得選舉就是輸掉選舉，電影到最後也面臨類似的結局：票房收入。電影人在反覆修改的過程中，用了不同的假設和系統；這也許是證實和確認這些假設和系統是否有效的終極回饋。

在各種創意領域當中，以資料為依歸的反覆修改過程，對於提升符合創意曲線的產品及訊息極其重要。在許多產業裡，這樣的修改過程都必須運用資料，目的是檢驗受眾的反應，以及判斷你的努力成功與否。目標達成了，大多數創意人士會在創意流程中獲得自信。失敗了，他們會知道自己在過程中做了錯誤的假設。

如果你是獨立創作者，這聽在你耳裡可能很有壓力。如果你買不起昂貴的工具或技術，要怎麼運用資料？

為了探究這一點，我找上某個還處於創作生涯早期的人士。

在先前的章節裡，我訪問了幾位在業界占有一席之地的言情作家。這次，我訪問了一位「正在嶄露頭角」的作家。這位作家想辦法不靠大出版社的支持，找出能在職業生涯早期成功的方法。

在她付出的努力中，有個部分是運用**免費**資料。

海蒂的另一面

白天，海蒂．喬伊．崔瑟威（Heidi Joy Tretheway）的工作是企業行銷人員，負責科技公司的內容行銷事務，打造內容，推動新產品的業績成長。[9]

晚上，海蒂撰寫她所謂「有智慧又淫穢的書」。

她住在奧勒岡州波特蘭市，每天晚上小孩一睡著，她就開始熬夜，坐在電腦前寫作。

崔瑟威參與了言情小說家自費出版的文化運動。克莉絲汀・艾許利等作家，透過非傳統的後門管道獲得成功。

崔瑟威面對自己的創作，一點也不覺得難以啟齒。「我寫的書口味很重，非常棒。」崔瑟威是我從前的客戶。有一回，我們準備利用午餐時間討論數位行銷事宜時，她提到自己在寫一本書。我馬上接二連三提問，得知她利用夜晚寫作的習慣為她培養出愈來愈多狂熱的書迷。

想不到，崔瑟威竟然是一位受歡迎的電子書作家。她最受歡迎的《刺青賊》（*Tattoo Thief*）系列小說，在亞馬遜下載了超過十萬兩千次。

她的寫作生涯開頭並不順利。她的第一本小說《愛有止境》（*Won't Last Long*），只下載了一百二十五次。

雖然作品銷量不如克莉絲汀・艾許利等人，但崔瑟威達成所有兼職作家都會羨慕的成績。她是怎麼從一百二十五次的下載次數，進展到十萬兩千次？

第一本書失敗的時候，崔瑟威很沮喪。這本書，她花了十年才寫出來。下一本書，她下定決心，採用不一樣的寫作方式。

崔瑟威沒有等好點子找上她，而是從建立作家社群和研究故事結構開始。有一天，她想到用色情偷窺狂管家當小說主角。但她還是沒有開始寫，而是按兵不動，先聽一聽作家社群的意見。

她很快就得知兩件事。第一件是，新的成人小說，也就是主角為十八到三十歲（而非年紀較大）的書籍，在市面上的表現非常好；第二件則是，基於某些原因，那個時期，主角是搖滾明星的作品特別受歡迎。

因此她決定，新小說要寫年輕搖滾明星和偷窺狂管家的故事。「我用了最初想到的點子，然後把點子放到我知道會賣的框架裡。結果真的**超級**有賣點。這本書的發展比原先任何可能的情況都好，因為它在對的地方使出對的一擊。」

有了下載十萬次的經驗，崔瑟威現在相信，這種分析方法對書籍行銷來說，非常重要。現在，她不只會跟其他作家討論，也會研究 Kindle 的銷售圖表，這麼做能讓她掌握哪些書賣得好、哪些書符合市場需求。「最近，和繼父母生的兄弟談戀愛變得炙手可熱。這讓我有點想吐，但有那麼多成功的書，都在寫這種怪異的三角戀情。」

多虧創意社群和免費的亞馬遜資料，崔瑟威可以更瞭解她的讀者關心什麼，而且她把這些資料用在挑選內容類型和縮小角色設定之外的事情。

言情小說通常會出好幾集。最佳狀況是，人們讀了第一本之後就會迷上，然後繼續讀完剩下的幾本。這是言情小說商業模式的運作關鍵，許多言情小說家甚至會讓讀者在網路上免費看第一集，期待讀者抗拒不了誘惑，把同系列的其他書統統買下來。

對崔瑟威來說，續集代表機會。

「每個人都會告訴你，永遠不要讀自己作品的書評。」但她決定還是要讀。「我從中得知，大家對於主角有很大的篇幅沒有登場，相當不滿意。」她還發現，讀者不喜歡第二主角。

有了這個實際的意見回饋，崔瑟威更能滿足她的讀者。她在續集裡讓第二角色變得比較討喜，還在一開頭就寫進一個新的男性主角。然後，為了確保讀者繼續讀續集，她在第一本書的結尾加入下一本書的頭幾個章節，當作額外附贈的內容。

結果如何？

第二本的評語，比第一本明顯好很多。

崔瑟威也許不懂「大數據」，但她還是能夠運用拿得到的公開資料，幫她提高銷售機率，也提升產品的品質。

我想說的重點是，有用的資料不一定代價高昂，也不一定來自繁複的系統。簡單的資料可以用於各種創意領域，幫助某個人表現得更好。

畫家可以從網路上得到意見回饋。

廚師可以讀 Yelp 的評論。

作家可以從社群媒體瞭解哪些主題受歡迎。

當然，如果你在大公司工作，通常會有付費的資料來源，以及取得這些來源的技術。即使是在大公司，許多取得資料的技術顯然用不到先進的科技。舉例來說，班傑瑞把電子郵件寄給冰淇淋愛好者，任何人都可以用免費的線上工具辦到。此外，許多大公司使用已久的技術，小公司和個人現在也拿得到。Google 調查就是其中一例，任何人只需花每份回應十五美分的小錢，即可用 Google 評估特定的使用者族群。花三十美元，可以取得一份兩百人的迷你線上焦點族群的回應。使用另一個叫 PickFu 的工具，只需花二十美元，就能在幾小時內輕鬆取得基本分組測試的答案。

再說一次，任何創意人士都能更瞭解他們的目標受眾，從中獲益。對成功的創意人士來說，創意不是一連串靈光乍現的時刻，或突然出現的神蹟。這些創意人士懂得運用以資料為依歸、反覆修改的過程，所以比其他人更能掌握創意曲線。不管你是作者、拍電影的片商，還是冰淇淋口味大師，按照有資料根據的步驟做事，並且真的用心傾聽受眾的意見，都會有所回報。

我為了寫這本書，跟各種創意人士談過話。令我驚訝的是，他們的故事有不少相同處。創意成就確實有一個模式。創造出受眾會喜愛的東西，最重要的祕訣是什麼？就是**傾聽他們的意見**。

透過以資料為基礎的流程來改善點子，是第四項創意法則，也是最後一項。

現在，各位瞭解了創意的歷史、趨勢背後的驅動力量，以及能讓大家盡可能創造爆紅事物的四項法則。

我的書在這裡告一段落——我希望各位受到啟發，產生新的動力，能夠達成偉大的藝術和商業成就。但是我在寫這本書的時候，有件事情一直教我擔憂。我得在各位展開下一段創意冒險之前，告訴大家我在擔心什麼。

後記

當時是一九九〇年。

J・K・羅琳被困在從曼徹斯特開往倫敦的火車上。[1]這班火車誤點了，看樣子準時抵達倫敦的機率愈來愈小。她開始心不在焉起來。

就如她後來告訴《紐約時報》：「那是非常難以置信的感覺……毫無來由，就這樣從天而降。」[2]

突然間，她腦中浮現一些關於住在魔法世界的人物的點子，第一個就是哈利・波特。「我可以清清楚楚看見哈利，是一個瘦巴巴的小男孩，而且我的身體出現一陣興奮的反應。我從來沒有對寫作感到這麼興奮。從來沒有一個點子，令我產生這樣的身體反應。」

《哈利波特》的創作神話會讓我們以為，羅琳當時在餐巾紙上草草寫下這些點子。實際上，她身上沒有紙張。「我翻遍包包，想要找支筆或鉛筆，或是任何東西都好。我身上連一支眼線筆都沒有。所以我只是坐著想。那四個小時，因為火車誤點，這些點子在我的腦袋裡一一浮現。」

羅琳繼續說：「那趟火車之旅結束時，我知道這是一套七集的系列。我知道，以一個從來沒出過書的人來說，這傲慢得很，但我就是有了這樣的念頭。」

那個晚上，她在倫敦克拉珀姆交會站附近的公寓裡，開始把想法寫在記事本裡。

她沒有料到，到了二〇一六年，《哈利波特》這套書的銷售數字會達到七十七億美元左右，**再加上**其他周邊收益，如電影版、主題公園、展覽、二〇一六年在倫敦上演的全新舞台劇，以及不斷增加的《哈利波特》主題產品。[3]

和麥卡尼的〈昨日〉一樣，《哈利波特》從天而降的創造過程，對羅琳的書迷和整個文學界來說，成了一個傳奇。

羅琳深化了這個靈光乍現的概念。當別人追著她問點子從哪裡來的時候，[4]她猶豫地說：「我不知道點子從哪來，而且我希望我永遠不會知道；假如我發現只是大腦表面有一道有趣的小皺褶，讓我考慮寫下看不見的月台，這會讓我覺得很掃興。」[5]

羅琳的這個形象，讓她成為創意靈感理論的代表人物，但實際上，她可以說是遵從創意曲線四大法則的最佳典範。

吸收與限制

羅琳小時候是一個瘋狂閱讀的人，小說一本接著一本讀。她和我描述過的許多創意藝術家一樣，在清貧的家庭長大成人。她的母親罹患多發性硬化症，不僅讓家裡缺乏情感交流，財務也入不敷出，而且羅琳和爸爸的關係經常很緊張。[6]為了逃避，她躲在房間裡，尋求書本的慰藉。閱讀能讓她暫離她居住的英格蘭南部小村莊，去到遙遠的世界。後來有人採訪羅琳，請她給胸懷大志的作家一些建議，她說：「最重要的是盡量多閱讀，像我一樣。這樣，你會瞭解什麼才是好的作品，而且字彙也會多很多。」

羅琳長大成人後，繼續大量閱讀。她就讀艾克斯特大學時，曾經因為有太多逾期未還的書，被圖書館罰款五十英鎊（她在官方自傳中表示，大學時閱讀拉丁文經典名著，幫助她編出《哈利波特》的咒語）。

羅琳跟所有創意天才一樣，大量吸收，為她日後的創作提供了原始素材。

這些素材都在《哈利波特》系列套書中融為一體。雖然每一本書都有自己的情節架構，但整套書是按照傳統的「麻雀變鳳凰」故事線發展的。年紀輕輕的孤兒哈利，連張睡覺的床都沒有。但是到了整套書的結尾，他殺了死敵，擁有愛情，開始過著永遠幸福快樂的生活。羅琳用了傳統、熟悉的故事架構——孤兒成為大人物，再加入一點自己的變化：年輕的巫師努力應對成長過程的複雜境遇。

反覆修改：打造一個世界

火車抵達倫敦的時候，J・K・羅琳下了車，覺得文思泉湧。如果她相信的是創意靈感理論，那她應該要回家坐在書桌前，等待更多天上掉下來的啟示。

但她沒有，她受到腦中出現的情節啟發，開始有條理地規畫故事內容。羅琳用接下來五年的時間，進行創作中反覆修改的步驟，發展這七本書的情節並撰寫第一集。她的故事**並非**靈光乍現、然後一夕之間突然成功。事實上，我在研究中發現好幾位有條理又奮發向上的小說家，而羅琳就是其中一位。她曾經在電視訪談中讓記者看她的文稿。在她珍藏的盒子當中，光是第一集的第一章就有**十五**個不同的版本，此外還有一張表格，上面列出哈利・波特在霍格華茲班上的每一個角色；這是羅琳用來發展劇情的人物表。[7]

不僅如此，羅琳在她的網站上公開一張她規畫第五本小說時製作的情節表。[8]她在這張表的左側列出每個章節，旁邊附上一個欄位寫次要情節，還有一張幫助她規畫各條故事線如何在書中展開的情節圖。

她原本的經紀人是克里斯多夫・利特爾（Christopher Little）。他向我描述，他們第一次見面時，她的計畫有多明確。「我很驚訝這七本書在她腦中有非常清晰的樣貌。」他說：「如果你問起某個場景，從走廊走下去，轉進左邊第三道門，她知道左邊第一個門和第二個門裡面有什麼。」

羅琳不只是想像力豐富的人，還是個非常努力、積極規畫的人。

社群

如我先前所寫的，引導創作者穿過崎嶇的道路、邁向成功，創意社群至關重要。對羅琳來說，也不例外。

先前，身為單親媽媽的羅琳決定搬到愛丁堡，跟妹妹黛安（Dianne）住得近一點。[9] 羅琳的妹婿剛剛開了一間叫「尼科爾森」（Nicolson）的小咖啡館。沒多久，羅琳就出現在這間咖啡店的某個角落，寫女巫和巫師的故事；而躺在嬰兒車內的女兒潔西卡（Jessica），在她動工前，已經進入夢鄉。羅琳因此擁有寫作所需的安靜和專注時光。

儘管如此，羅琳的書寫計畫並非一帆風順。她沒有錢，不得不尋求社會福利的協助，在她找工作的期間，每週領六十八英鎊的救濟金。[10] 沒多久，她發現自己得了臨床憂鬱症，開始接受治療。[11]

如果沒有家人的支持和治療師的幫助，《哈利波特》寫得出來嗎？

除此之外，羅琳仰賴跟她合作的人和推她一把的人，讓她的處女作在日後引發一股《哈利波特》熱潮。寫出《哈利波特：神祕的魔法石》之後，羅琳知道她需要一位文學經紀人，就到愛丁堡的中央圖書館搜尋。在她匆匆翻閱經紀人工商名錄時，一個名字吸引了她的注意力：克里斯多夫．利特爾。[12]

羅琳一向很愛民間傳說和童話故事，利特爾這個名字聽起來就像童話書裡面的角色（譯註：利特爾的原文 Little 有「小」的意思）。當時電子郵件還不普及，那天下午，她把頭三章珍貴的文稿，用皇家郵政寄了出去。

就克里斯多夫．利特爾來說，他一向不太接童書，但他馬上被羅琳打造的世界給迷住了。他立刻回信要求閱讀其餘章節。他一讀完，就向羅琳表示他想當她的經紀人。羅琳同意之後，這位經紀人必須開始向出版社大力推銷。

沒多久，他們陸續收到回應：

讀者太少了……

孤兒的故事賣不好……

就童書來說太可怕了……

最多只能寫三萬字……

最後，十二間英國出版社拒絕了這本書。[13]

就在那時，布魯姆斯伯里（Bloomsbury）出版社當時規模還很小的童書部門，有一位叫貝瑞．康寧漢（Barry Cunningham）的編輯非常喜歡這個故事。[14]他撥了通電話給利特爾，想出價買下版權。

但利特爾自有盤算。他說：「我限制了他們的發行區域，而且只授權一集。」他的直覺告訴他《哈利波特》會歷久不衰，他不希望為了一點蠅頭小利一下子就拱手讓人。

某個星期五下午，利特爾打電話給羅琳，把這個消息告訴她。

她聽到自己即將成為有著作出版的作家，一時間說不出話來。

利特爾聽她沉默不語，擔心地問她：「妳還好嗎？妳還在電話上嗎？」

「嗯，沒什麼，我一輩子的夢想終於成真了。」

利特爾回憶：「她簡直欣喜若狂。」

布魯姆斯伯里只付了兩千五百英鎊的預付金。我必須說，這間出版社因此得到文學史上數一數二高的業績。

羅琳完成了她的夢想，賣出第一本小說。但要辦到這件事，她得仰賴一名推手，這位推手幫助她和知名出版社簽下合約。

她在新編輯貝瑞．康寧漢身上，看到另一個瞭解創意曲線、明白行銷有多重要的合作對象；羅琳並不熟悉出版產業。

康寧漢剛踏入出版業時，是海鸚出版社（Puffin Books）的「行銷專員」。海鸚出版社是企鵝出版集團（Penguin Books）旗下的童書公司。他以為這份工作要籌辦藝文活動，結果他發現自己經常穿著公司企鵝吉祥物的巨型偶服。

康寧漢穿著企鵝偶服，和羅德．達爾（Roald Dahl）等作家一起到學校參訪。他花時間和孩子們相處，瞭解到孩子想在書裡面看見什麼。「孩子愛讀的是熟悉感和冒險融合在一起的故事。陌生和安撫要同時具備。」康寧漢的行銷經驗讓他在出版同業中脫穎而出；其他同業可能一輩子都在編輯室裡。他第一次讀《哈利波特》的手稿時，他就看到熟悉感和新鮮感完美結合，會成為小孩子最愛看的故事。

羅琳的作品之所以成功，看起來或許是幸運或偶然，但實際上，這是深思熟慮的結果。利特爾的計畫是等這本書在英國出版，再把版權賣給美國的出版社，因為他預料這本書能在英國書市先大肆炒作一番。

他是料到了，但只料到一半。《哈利波特》在英國出版後，出現一批早期的狂熱書迷。三千哩之外，美國出版社開始聽到這本書的好評。結果，有六間出版社競標，最後由學者出版集團（Scholastic）以十萬五千美元得標。[15]

這筆生意引發媒體熱切關注。一名擔任兼職教師的單親媽媽，辦到不可能辦到的事！《先鋒報》（*The Herald*）的標題寫道：「在愛丁堡咖啡館寫出來的書以十萬美元售出。」[16]羅琳本身的經歷似乎就是一個麻雀變鳳凰的故事。隨之而來的關注，讓她的書在主流媒體上曝光，這是大部分作家求之不得卻鮮少辦到的事。而且，沒多久《哈利波特》就自成一個王國。

羅琳沒有等點子找上她，而是埋頭苦幹好幾年，成就了偉大的事物。她規畫、描繪、擬出參考資料，歷經無止境的反覆修改及草稿過程，讓故事和角色盡善盡美。在這個過程中，她同時面臨到個人和經濟上的挑戰，但她有創意社群這個後盾在背後支持著她。這個社群裡，有她的經紀人和布魯姆斯伯里出版社的團隊，於是她可以持續寫作，無後顧之憂。

換句話說，羅琳的成就也遵循了創意法則。

羅琳的故事中，我最喜歡的部分是關於她發揮創意的流程，社會大眾的認知和實際情形差距極大。

她不是**就這樣**靈光乍現。

她不是中了創意樂透。

她的人生有很多年都在閱讀、規畫和寫作中度過，而結果，當然就是歷久不衰的《哈利波特》。

臨別小記

小時候，總有人告訴我們，我們多有創意。老師和父母鼓勵我們畫色彩繽紛的生物，用玩具（或憑空）創造出角色和朋友，把積木變成有魔法的高塔，守護光線漸暗的房間。

可是長大的過程中，我們內在的創意兒童卻消失了。我們在學校學習做標準化的測驗，算出三角函數。我們看的電影、讀的雜誌，向我們訴說達不到的天才故事。記者則把創意包裝成萬中選一的少數人專屬的領域來銷售。

等到我們開始考慮要從事什麼職業，已經不再將自己看作是有創意的人了。創意成就反而變成某種抽象、遙遠的東西；這種東西，可以讀一讀相關文章，也許可以在心裡想一想，卻很少有人付諸行動。

兩年前，我剛開始研究創意，親耳聽到許多互相矛盾的故事、理論和迷思。就連職業生涯充分具有成功代表性的創意人士，都覺得找出自身創意的根源是件難事。

像羅琳這樣的故事營造出來的神話，讓創意成就聽起來彷彿是好運（甚至是超級好運）和天意結合的產物。對某些人來說，輕而易舉就能辦到，對大多數人而言則是天方夜譚。這種編造出來的天才故事，會令許多人感到氣餒。透過頌揚極少數人的偉大成就，我們的文化散發的訊息是，我們其他人要嘛**有**天分，要嘛**沒有**天分。

然而，在我訪談愈多來自各個領域、行業的創意藝術家，一些模式開始浮現（我訪問的人就算留意到了，也是極少數）：他們都是用相同的作法去激發並執行創意點子。

在我訪問了研究人員、學者，注意到接觸與喜愛程度的關係是呈現鐘形的創意曲線時，情況也就明朗起來。我發現，這就是趨勢流行起來和褪流行的根本機制。

世界上最有名的創意人士都遵循一致的行為模式，創造出落在創意甜蜜點上的電影、小說、音樂、料理、畫作、小玩意，以及公司。

藉由不斷吸收，他們為靈光乍現的那一刻埋下種子；這樣的靈光乍現，能產生熟悉、但不**過度**熟悉的點子，足以改變世界。

透過模仿，他們學會各自領域中必須遵從的限制和公式，並且學會如何運用恰到好處的新鮮感。

透過建立社群，他們提升了自己的技能，獲得了動力，更找到能幫助他們執行計畫的合作夥伴。

最後，藉由注意時機點和反覆修改，他們利用資料和流程來改進作品，在熟悉感和新鮮感之間取得完美的平衡點。

不管你是極度渴望成功的藝術家，還是廣告公司的經理，創意成就其實都學得來。這就是我擔心的地方。

有模式存在，並**不**代表做起來很容易。

實際上，掌握創意曲線可能要花上數年的時間。

在你手上的這本書**不是**要告訴你，花最少的努力，就能成為下一個莫札特、畢卡索、伊隆．馬斯克或J．K．羅琳。

不，這本書是要告訴你，如果你**選擇**將人生用來發揮創意，要讓成功化作現實，**的確**有一條路可以遵循，有好幾個必須考量的重點要牢記在心，而且還要去**實行**。

創意曲線的四個法則畫出一份藍圖，告訴我們每個人要如何發揮創意潛能。創意成就的模式可以學習，投入時間之後，也能運用自如。

當然，這麼一來，你就少了一個等到明天再開始寫小說、為歌曲填詞或成立新創公司的藉口。

想要發揮創意潛力，有膽再來。這個學習過程，會花上無數個小時、無數個日子，甚至好幾年的時間，但再也不是神話了。

誌謝

「孤獨創作者」根本是個荒誕不經的概念。如果我曾經對此存有一絲一毫的懷疑，寫書也讓這些疑慮都煙消雲散了。書本封面上或許只列了一個人的名字，但一本書是許多人共同努力的結果——從好十幾位挪出時間、接受我採訪的人士，到支持我寫完這本書的團隊，再到不知讀了多少版校稿的朋友，當然，還有皇冠出版集團（Crown Publishing Group）讓一切就緒的工作人員；寫這本書，是我做過最不個人的事之一。

為了這本書，有不少人貢獻了一己之力。崔佛（Trever）給我寫書的時間和空間，以及我需要的意見回饋和鼓勵。申恩．史諾（Shane Snow）是第一個知道我想寫這本書的人，他很早就鼓勵我、支持我，因此我有了把書寫出來的動力。申恩態度親切、頭腦聰明，他在未來的作家生涯當中，肯定能寫出更多了不起的作品。他還為我介紹後來的經紀人吉姆．勒凡（Jim Levine），並大方提供了富蘭克林法的點子。

與其說吉姆是經紀人，不如說他是一名樂心助人的高山嚮導。大綱和成書都採納了他的建議。他的關照，還有願意冒險為第一次寫書的作家出書，我永遠心存感激。我和他的整個團隊相處起來就像家人一般（馬修，謝謝！）。他也為我引介了皇冠團隊和傑出的編輯羅傑・紹爾（Roger Scholl）；紹爾很清楚在什麼地方加把勁會錦上添花。我很感謝皇冠的所有團隊成員，願意在我身上賭一把。寫書一直是我追求的目標，是你們讓這個過程成真。謝謝你們忍受我提出一堆問題。

數不清的朋友提供了回饋意見，或是以其他方式支持這本書。感謝丹・摩爾斯（Dan Morse）自始至終的支持和同情。感謝彼得・史密斯（Peter Smith）的激勵和真知灼見。感謝艾瑞克・庫恩（Eric Kuhn）總是情義相挺。感謝傑克・巴羅（Jack Barrow）無數次的修改並提供高見。感謝史蒂夫・羅福林（Steve Loflin）早在八年前就相信我能辦到。感謝蘇珊娜・昆恩（Susanna Quinn）成為我第三個大姊。感謝喬・車諾夫（Joe Chernov），他有所不知，這本書的大綱多虧有他指引才能成形。

我的兩位研究助理，史蒂芬・凱利（Steven Kelly）和妮可・布林克里（Nicole Brinkley），讓撰寫一本書和同時擁有全職工作成為可能。他們讓我保持條理分明，找到需要的資料，我無法想像少了他們的協助，我還能辦到。他們兩位都很傑出，都會在不久的將來寫出自己的暢銷書。此外，布萊恩・威許（Bryan Wish）花了很多心力，找出這本書的潛在讀者。

葛瑞格・費斯克（Greg Fisk）是這個團隊中非常出色的一員。他的插圖令這本書鮮活起來，只有文字是辦不到的。誠如大家所說，一幅好圖勝過……

羅德里哥・寇羅（Rodrigo Corral）讓封面非常有看頭。

我的父親最近開始從事小說創作，也成了我的寫作好夥伴，不斷給我支持和建議。即使我的書不像他的作品有那麼多幽浮，他依然是一名新手作家渴望擁有的最佳筆友。

我的母親很愛我，是她造就今時今日的我。我之所以有好奇心，要歸功於她，而這本書能夠完成，都要感謝小時候她對我的教導。

我的繼母在寫書的過程中，給予我支持和愛。

有許多人接受了我的訪談，雖然沒正式提及，但書中有許多概念是因為他們才成形。我很感謝他們為我挪出時間；無法將他們直接寫進書中，我深感抱歉。

謝謝 TrackMaven 公司的團隊，因為有你們的支持，我才能在過去兩年，利用晚上和週末的時間寫出這本書。我尤其要感謝提姆（Tim），要找人一起密謀什麼事情，沒人比你更適合了。

因為 TrackMaven 公司的董事，我對專業領域的運作有了更深一層的認識，我的獲益之多，超乎想像（而且我知道我還有很多要學）。對於前輩不吝給予支持和建議，我衷心感謝。喬（Joe）、尚恩（Sean）、查克（Chuck）、丹（Dan）、派翠克（Patrick），我知道有時候我將你們的存在視為理所當然，謝謝你們沒有因此對我不滿。不論是擔任執行長或是作為一個人，你們對我影響至深。你們與我分享的智慧，遠遠超過我應得的。

除此之外，當然也要感謝哈利，是你給我有生以來第一次「大好機會」，而且你對我的全然信任，我永遠無法置信。我非常想念你，真希望你能讀到這本書。你是一名好父親、好丈夫，我希望自己能向你立下的標竿看齊。而且我保證，我不會辜負你對我的期待，努力工作（只是，我可能不會在慢跑時打電話給別人）。

感謝華盛頓特區幾間很棒的咖啡店，我在這些店裡寫出這本書，有滑流（Slipstream）、幽會（Tryst）、羅盤咖啡（Compass Coffee）、殖民地俱樂部（Colony Club）、特使（Emissary）、小灣（Cove）、鳴禽（Songbyrd）、美國國立肖像館庭園咖啡廳（National Portrait Gallery Courtyard Café）。抱歉，我就是那個占位太久的人。

最後，過去兩年，有些場合我應該出席卻沒有到場，感謝包容我的所有親朋好友。謝謝你們在這段期間對我不離不棄。

參考資料及研究方法說明

本書資料有相當大的一部分透過訪談取得，訪談對象人數眾多。創意點子的實行者為我挪出相當多的時間，向我解釋他們的創意流程。訪談內容皆有錄音檔及逐字稿。在這本書中，引用文句如有編修，目的是讓意思更明確，任何字句更動都事先徵得受訪者的同意。

某些故事和場景，是結合不同參考資料得來的結果。我盡量採用第一手資料（例如，訪問J．K．羅琳的第一間出版社和第一位經紀人）。有時候，則是來自其他人的描述。

關於米開朗基羅對《最後的審判》這幅畫的關鍵反應，這個故事的根據是瓦薩里的描述。他寫過好幾個版本，每個版本在細節上都有些許差異。在這本書中，我採用了瓦薩里各個版本中的詳細描述，再加上其他人描述的細節，試著拼湊出一個完整的故事。

在倫敦計程車的研究中，我無法進一步取得受試者的個人資料，我用杜撰出來的人物梭羅來說明這項研究的進行方式。他被選為受試者的過程稍微誇大，但研究結果未經更動。

最後一點，這本書的內容經過一位事實查核人員的查證。此外，我也盡可能請學者或業界人員幫忙查證一些段落。事實證明，這麼做相當值得，我很感謝他們為這件事所投入的時間。書末附上本書主要素材和查證結果的相關註釋。

註釋

第一章

1. 麥卡尼寫〈昨日〉的創作概念，故事細節主要取材自 *The Beatles Anthology* (New York: Chronicle Books, 2000); Ray Coleman, *McCartney: Yesterday and Today* (London: Boxtree, 1995); Phillip McIntyre, "Paul McCartney and the Creation of 'Yesterday': The Systems Model in Operation," *Popular Music* 25 (2) (2006); David Thomas, "The Darkness Behind the Smile," *The Telegraph*, August 19, 2004; Alice Vincent, "Yesterday: The Song That Started as Scrambled Eggs," *The Telegraph*, June 18, 2015, http://www.telegraph.co.uk/culture/music/the-beatles/11680415/Yesterday-the-song-that-started-as-Scrambled-Eggs.html.
2. 麥卡尼住在溫波街以及〈昨日〉的創作過程，相關細節取材自"People: Jane Asher," *The Beatles Bible* (date unlisted), https://www.beatlesbible.com/people/jane-asher/; Coleman, *McCartney*; McIntyre, "Paul McCartney and the Creation of 'Yesterday'"; Thomas, "The Darkness Behind the

Smile."

3. Sean Magee, *Desert Island Discs: 70 Years of Castaways* (London: Transworld Publishers, 2012).
4. "The Richest Songs in the World," BBC Four, 2012.
5. Gary Wolf, "Steve Jobs: The Next Insanely Great Thing," *Wired*, February 1, 1996, https://www.wired.com/1996/02/jobs-2/.
6. Ian Hammond, "Old Sweet Songs: In Search of the Source of 'I Saw Her Standing There' and 'Yesterday,'" *Soundscapes: Journal on Media Culture* 5 (July 2002), http://www.icce.rug.nl/~soundscapes/VOLUME05/Oldsweetsongs.shtml; and McIntyre, "Paul McCartney and the Creation of 'Yesterday.'"

第二章

1. 欲進一步瞭解TrackMaven，請至https://trackmaven.com/.
2. "Annuitas B2B Enterprise Demand Generation Survey 2014," Annuitas (2014), http://go.brighttalk.com/ANNUITAS_B2B_Enterprise_Demand-Generation_Download.html.
3. "Adobe State of Create," Adobe 2012, http://www.adobe.com/aboutadobe/pressroom/pdfs/Adobe_State_of_Create_Global_Benchmark_Study.pdf.
4. Morse Peckham, *Man's Rage for Chaos* (New York: Schocken Books, 1967).
5. Jonah Berger, *Invisible Influence* (New York: Simon & Schuster, 2016)（中文版《何時要從眾？何時又該特立獨行？：華頓商學院教你運用看不見的影響力，拿捏從眾的最佳時機，做最好的決定》，時報，二〇一八年出版）；以及 Derek Thompson, *Hit Makers* (New York: Penguin, 2017)（中文版《引爆瘋潮：徹底掌握流行擴散與大眾心理的操作策略》，商周，二〇一七年出版）。

第二章

1. Miloš Forman, *Amadeus* (The Saul Zaentz Company, 1984).
2. Roger Ebert, "Great Movie: Amadeus," RogerEbert.com, April 14, 2002, http://www.rogerebert.com/reviews/great-movie-amadeus-1984.
3. 這封信的相關細節取材自Kevin Ashton, "Divine Genius Does Not Exist: Hard Work, Not Magical Inspiration, Is Essence of Creativity," *Salon*, February 1, 2015, http://www.salon.com/2015/02/01/divine_genius_does_not_exist_hard_work_not_magical_inspiration_is_essence_of_creativity/.
4. William Stafford, *The Mozart Myths: A Critical Reassessment* (Redwood City: Stanford University Press, 1993).
5. 莫札特的真實生活和工作風格，相關細節取材自"Wolfgang Mozart," *Biography.com*, https://www.biography.com/people/wolfgang-mozart-9417115; and David P. Schroeder, "Mozart's Compositional Processes and Creative Complexity," *Dalhousie Review* 73 (2) (1993), https://dalspace.library.dal.ca/bitstream/handle/10222/63147/dalrev_vol73_iss2_pp166_174.pdf?sequence=1; and "Biography of Wolfgang Amadeus Mozart," http://www.wolfgang-amadeus.at/en/biography_of_Mozart.php.
6. Ulrich Konrad, *Mozart's Sketches* (Oxford: Oxford University Press, 1992).

7. Phillip McIntyre, *Creativity and Cultural Production: Issues for Media Practice* (New York: Palgrave Macmillan, 2012); and Robert Spaethling, *Mozart's Letters, Mozart's Life: Selected Letters* (New York: W. W. Norton & Company, 2000).
8. "Mozart and Salieri 'Lost' Composition Played in Prague," BBC News, February 16, 2016, http://www.bbc.com/news/world-europe-35589422; and Sarah Pruitt, "Mozart's 'Lost' Collaboration with Salieri Performed in Prague," History Channel, February 17, 2016, http://www.history.com/news/mozarts-lost-collaboration-with-salieri-performed-in-prague.
9. David Brooks, "What Is Inspiration?" *New York Times*, April 15, 2016, https://www.nytimes.com/2016/04/15/opinion/what-is-inspiration.html.
10. Lucille Wehner et al., "Current Approaches Used in Studying Creativity: An Exploratory Investigation," *Creativity Research Journal*, January 1991, http://www.tandfonline.com/doi/abs/10.1080/10400419109534398.
11. Plato, *The Collected Dialogues of Plato* (Princeton: Princeton University Press, 1961).
12. "Mimesis," Merriam-Webster Online Dictionary, https://www.merriam-webster.com/dictionary/mimesis.
13. McIntyre, *Creativity and Cultural Production.*
14. Anna-Teresa Tymieniecka, *The Poetry of Life in Literature* (Dordrecht: Springer Netherlands, 2000).
15. Walter Scott, "Review: The Man of Genius by Cesare Lombroso," *The Spectator*, 1892.

16. Deborah J. Haynes, *The Vocation of the Artist* (New York: Cambridge University Press, 1997).

17. 切塞納和米開朗基羅之間的爭執，相關細節主要取材自William D. Montalbano, "It's 'Judgment' Day for Unveiled Sistine Chapel," *Los Angeles Times*, April 9, 1994, http://articles.latimes.com/1994-04-09/news/mn-43912_1_sistine-chapel; and Norman E. Land, "A Concise History of the Tale of Michelangelo and Biagio da Cesena," *Source: Notes in the History of Art* 32 (14) (Summer 2013), https://www.academia.edu/11448286/A_Concise_History_of_the_Tale_of_Michelangelo_and_Biagio_da_Cesena.

18. 瓦薩里的著述成就，相關細節主要取材自Giorgio Vasari, *Lives of the Most Eminent Painters Sculptors and Architects*, Gaston du C. de Vere 翻譯 (Project Gutenberg, 2008), https://www.gutenberg.org/files/25326/25326-h/25326-h.htm#Page_xiii; and Alan G. Artner, "The Excellence of Italian Drawing," *Chicago Tribune*, June 19, 1994, http://articles.chicagotribune.com/1994-06-19/entertainment/9406190328_1_disegno-giorgio-vasari-artists-and-craftsmen.

19. Sir Philip Sidney, "The Defence of Poesy" (1583).

20. William Shakespeare, *A Midsummer Night's Dream* (1595).

21. 雪萊的《科學怪人》，相關細節主要取材自Mary Shelley, *Frankenstein* (Mineola, N.Y.: Dover Publications, 1994); "Mary Shelley," Biography.com (date unlisted), https://www.biography.com/people/mary-shelley-9481497; and "Mary Wollstonecraft Shelley," *Encyclopedia Britannica* (date unlisted), https://www.britannica.com/biography/Mary-Wollstonecraft-Shelley.

22. 這些書是Francis Galton, *Hereditary Genius* (New York: Macmillan and Co., 1892), http://galton.org/books/hereditary-genius/text/pdf/galton-1869-genius-v3.pdf; Lombroso, *Man of Genius* (New York: Charles Scribner's Sons, 1896), http://www.gutenberg.org/ebooks/50539; and John Ferguson Nisbet, *The Insanity of Genius and the General Inequality of Human Faculty: Physiologically Considered* (Ward & Downey, 1891), https://archive.org/details/insanityofgenius00nisb.
23. 路易斯・特曼的人生和研究，相關細節主要取材自Henry L. Minton, *Lewis M. Terman* (New York: New York University Press, 1988); Mitchell Leslie, "The Vexing Legacy of Lewis Terman," *Stanford Magazine* (2009), https://barnyard.stanford.edu/get/page/magazine/article/?article_id=40678; and Carl Murchison, *Classics in the History of Psychology* (Worcester, Mass.: Clark University Press, 1930), http://psychclassics.yorku.ca/Terman/murchison.htm.
24. Trisha Imhoff, "Alfred Binet," Muskingum University, 2000, http://muskingum.edu/~psych/psycweb/history/binet.htm.
25. Lewis Madison Terman, *The Measurement of Intelligence* (Boston: Houghton Mifflin, 1916).
26. Ann Doss Helms and Tommy Tomlinson, "Wallace Kuralt's Era of Sterilization," *Charlotte Observer*, September 26, 2011, http://www.charlotteobserver.com/news/local/article9068186.html.
27. 特曼白蟻的相關細節，主要取材自Daniel Goleman, "75 Years Later, Study Still Tracking Geniuses," *New York Times*, March 7, 1995, http://www.nytimes.com/1995/03/07/science/75-years-later-study-still-tracking-geniuses.html?pagewanted=all; and Richard C. Paddock, "The Secret IQ Diaries," *Los*

Angeles Times, July 30, 1995, http://articles.latimes.com/1995-07-30/magazine/tm-29325_1_lewis-terman.

28. Leslie, "The Vexing Legacy of Lewis Terman."

第四章

1. Robert McCrae, "Creativity, Divergent Thinking, and Openness to Experience," *Journal of Personality and Social Psychology* 52 (6) (1987), http://psycnet.apa.org/journals/psp/52/6/1258/.
2. Emanuel Jauk, Mathias Benedek, Beate Dunst, and Aljoscha C. Neubauer, "The Relationship Between Intelligence and Creativity: New Support for the Threshold Hypothesis by Means of Empirical Breakpoint Detection," *Frontiers in Psychology* 41 (4) (July 2013), https://www.ncbi.nlm.nih.gov/pmc/articles/PMC3682183/. 這項研究中的各項細微差異，值得另闢專文討論。例如，研究人員也發現，比起智力測驗和創造潛力之間的關聯，智力測驗和創意成就之間的關聯性較強。是因為高智商的人，比較有可能找出打造爆紅事物的社會和團體動力嗎？
3. 欲進一步瞭解，請參見James Clear, "Threshold Theory: How Smart Do You Have to Be to Succeed?," *Huffington Post*, January 13, 2015, http://www.huffingtonpost.com/james-clear/threshold-theory-how-smar_b_6147954.html.
4. 哈德斯提的人生，相關細節主要來自我對他的採訪。
5. 哈德斯提的原始系列文章，請參見：http://www.conceptart.org/forums/showthread.php/870-

Journey-of-an-Absolute-Rookie-Paintings-and-Sketches.

6. K. Anders Ericsson, "Deliberate Practice and the Modifiability of Body and Mind: Toward a Science of the Structure and Acquisition of Expert and Elite Performance," *International Journal of Sport Psychology* 38 (1) (2007), http://drjj5hc4fteph.cloudfront.net/Articles/2007%20IJSP%20-%20Ericsson%20-%20Deliberate%20Practice%20target%20art.pdf.

7. Robyn Dawes, *House of Cards* (New York: Free Press, 1996).

8. James J. Staszewski, *Expertise and Skill Acquisition: The Impact of William G. Chase* (New York: Psychology Press, 2013).

9. Adriaan de Groot, *Thought and Choice in Chess* (New York and Tokyo: Ishi Press, 2016).

10. Ericsson, "Deliberate Practice and the Modifiability of Body and Mind."

11. Mihaly Csikszentmihalyi, *The Systems Model of Creativity: The Collected Works of Mihaly Csikszentmihalyi* (Dordrecht: Springer Netherlands, 2014).

12. Juliette Aristides, *Classical Drawing Atelier* (New York: Watson-Guptill Publications, 2006).

13. 艾瑞克森和「有目標的練習」，相關細節取材自K. Anders Ericsson, Ralf Th. Krampe, and Clemens Tesch-Romer, "The Role of Deliberate Practice in the Acquisition of Expert Performance," *Psychological Review* 100 (3) (July 1993), http://www.nytimes.com/images/blogs/freakonomics/pdf/DeliberatePractice(PsychologicalReview)pdf; 我對他的採訪；Neil Charness, "The Role of Deliberate Practice in Chess Expertise," *Applied Cognitive Psychology* 19 (2) (March 2005); and Ericsson, "Deliberate Practice

and the Modifiability of Body and Mind."

14. 這項研究是Ericsson et al., "The Role of Deliberate Practice in the Acquisition of Expert Performance."
15. 網站請至：http://www.classicalartonline.com/.
16. Eleanor A. Maguire, Katherine Woollett, and Hugo J. Spiers, "London Taxi Drivers and Bus Drivers: A Structural MRI and Neuropsychological Analysis," *Hippocampus* 16 (12) (2006).
17. Aneta Pavlenko, "Bilingual Cognitive Advantage: Where Do We Stand?," *Psychology Today* blog, November 12, 2014, https://www.psychologytoday.com/blog/life-bilingual/201411/bilingual-cognitive-advantage-where-do-we-stand.
18. K. Ball et al., "Effects of Cognitive Training Interventions with Older Adults: A Randomized Controlled Trial," *Journal of the American Medical Association* 288 (18) (November 13, 2002), https://www.ncbi.nlm.nih.gov/pubmed/12425704.
19. Joyce Shaffer, "Neuroplasticity and Clinical Practice: Building Brain Power for Health," *Frontiers in Psychology* 7 (July 26, 2016), https://www.ncbi.nlm.nih.gov/pmc/articles/PMC4960264/.
20. 腦部可塑性的相關細節，主要取材自我對喬伊絲．夏弗的採訪。
21. Dan Cossins, "Human Adult Neurogenesis Revealed," *The Scientist*, June 7, 2013, http://www.the-scientist.com/?articles.view/articleno/35902/title/human-adult-neurogenesis-revealed/.

第五章

1. 阿爾弗雷德・華萊士和查爾斯・達爾文之間的事，相關細節主要取材自“Charles Darwin,” *Encyclopedia Britannica* (2017), https://www.britannica.com/biography/Charles-Darwin; “Alfred Russel Wallace,” *Encyclopedia Britannica* (2017), https://www.britannica.com/biography/Alfred-Russel-Wallace; “Charles Darwin,” Famous Scientists (2017), https://www.famousscientists.org/charles-darwin/; and “Biography of Wallace,” Wallace Fund, 2015, http://wallacefund.info/content/biography-wallace; “He Helped Discover Evolution, and Then Became Extinct,” *Morning Edition*, NPR, April 20, 2013, http://www.npr.org/2013/04/30/177781424/he-helped-discover-evolution-and-then-became-extinct.
2. Charles Darwin, *The Voyage of the* Beagle (New York: Penguin, 1989).
3. 這封信請參見：http://www.rpgroup.caltech.edu/courses/PBoC%20GIST/files_2011/articles/Ternate%201858%20Wallace.pdf.
4. 華萊士出版的書籍是：*Palm Trees of the Amazon and Their Uses* and *Travels on the Amazon*.
5. 「同時發明」又稱「重複發現」（multiple discovery），欲進一步瞭解請參見：http://www.huffingtonpost.com/jacqueline-salit/a-multiple-independent-di_b_4904050.html.
6. Lucretius, *Delphi Complete Works of Lucretius* (Delphi Classics, 2015).
7. Charles Darwin, *The Works of Charles Darwin, Volume 16: The Origin of Species, 1876* (New York: New York University Press, 2010).
8. “Darwin’s Theory of Evolution—Or Wallace’s?” The Bryant Park Project, NPR, July 1, 2008, http://

www.npr.org/templates/story/story.php?storyId=92059646&from=mobile.

9. Mihaly Csikszentmihalyi, *The Systems Model of Creativity: The Collected Works of Mihaly Csikszentmihalyi* (Dordrecht: Springer Netherlands, 2014).
10. Mihaly Csikszentmihalyi, *Flow: The Psychology of Optimal Experience* (New York: Harper, 2008)（中文版《快樂，從心開始》），天下文化，一九九三年出版）; and Mihaly Csikszentmihalyi, "Flow, The Secret to Happiness," TED Talk, 2004, https://www.ted.com/talks/mihaly_csikszentmihalyi_on_flow.
11. 齊克森米哈伊和他做的努力，相關細節主要取材自我對他的採訪，以及Csikszentmihalyi, *The Systems Model of Creativity*; and Jacob Warren Getzels and Mihály Csíkszentmihályi, *The Creative Vision: A Longitudinal Study of Problem Finding in Art* (Hoboken, N.J.: Wiley, 1976).

第六章

1. "Get Ready for Baby," Social Security Administration (2017), https://www.ssa.gov/cgi-bin/babyname.cgi.
2. Peggy Orenstein, "Where Have All the Lisas Gone?," *New York Times Magazine*, July 6, 2003, http://www.nytimes.com/2003/07/06/magazine/where-have-all-the-lisas-gone.html.
3. 柴恩斯的生平和研究成果，相關細節主要取材自Margalit Fox, "Robert Zajonc, Who Looked at Mind's Ties to Actions, Is Dead at 85," *New York Times*, December 7, 2008, http://www.nytimes.com/2008/12/07/education/07zajonc.html.

4. Robert B. Zajonc, "Attitudinal Effects of Mere Exposure," *Journal of Personality and Social Psychology* 9 (2) (June 1968), http://www.morilab.net/gakushuin/Zajonc_1968.pdf.
5. 澤布維茲和章怡的研究，相關細節取材自我對章怡博士的採訪。
6. Leslie A. Zebrowitz and Yi Zhang, "Neural Evidence for Reduced Apprehensiveness of Familiarized Stimuli in a Mere Exposure Paradigm," *Social Neuroscience* 7 (4) (July 2012).
7. 艾德・哈迪的品牌興衰歷程，相關細節主要取材自"The 700 Lombard Street Shop Is the Third Incarnation of Tattoo City," Ed Hardy's Tattoo City (2011), http://www.tattoocitysf.com/history.html; and Matthew Schneier, "Christian Audigier, Fashion Designer, Dies at 57," *New York Times*, July 13, 2015, https://www.nytimes.com/2015/07/14/business/christian-audigier-57-fashion-designer.html.
8. Jesse Hamlin, "Don Ed Hardy's Tattoos Are High Art and Big Business," *SFGate*, September 30, 2006, http://www.sfgate.com/entertainment/article/Don-Ed-Hardy-s-tattoos-are-high-art-and-big-2486891.php.
9. Margot Mifflin, "Hate the Brand, Love the Man: Why Ed Hardy Matters," *Los Angeles Review of Books*, August 25, 2013, https://lareviewofbooks.org/article/hate-the-brand-love-the-man-why-ed-hardy-matters/.
10. Mo Alabi, "Ed Hardy: From Art to Infamy and Back Again," CNN, September 30, 2013, http://www.cnn.com/2013/09/04/living/fashion-ed-hardy-profile/index.html.
11. R. B. Zajonc et al., "Exposure, Satiation, and Stimulus Discriminability," *Journal of Personality and Social*

Psychology 21 (3) (March 1972), https://www.ncbi.nlm.nih.gov/pubmed/5060747.

12. E. Glenn Schellenberg, "Liking for Happy- and Sad- Sounding Music: Effects of Exposure" (Psychology Press, 2008), https://www.utm.utoronto.ca/~w3psygs/FILES/SP&V2008.pdf.

13. 夏侖柏格的研究，相關細節取材自我對他的採訪。

14. Kristen Fleming, "That Inking Feeling," *New York Post*, June 16, 2013, https://nypost.com/2013/06/16/that-inking-feeling/.

15. 同前註。

16. 臉書和校園網路的早期歷史，相關細節取材自Christopher Beam, "The Other Social Network," *Slate*, September 29, 2010, http://www.slate.com/articles/technology/technology/2010/09/the_other_social_network.html; Nicholas Carlson, "At Last—The Full Story of How Facebook Was Founded," *Business Insider,* March 5, 2010, http://www.businessinsider.com/how-facebook-was-founded-2010-3?op=1/#ey-made-a-mistake-haha-they-asked-me-to-make-it-for-them-2; 以及我對丁韋恩的採訪。

17. Jeremy Quach, "Throwback Thursday: Thefacebook vs. CampusNetwork," *Stanford Daily*, May 7, 2015, http://www.stanforddaily.com/2015/05/07/throwback-thursday-thefacebook-vs-campusnetwork/.

18. 校園網路的失敗和臉書的成功，相關細節取材自我對丁韋恩和大衛・柯克派崔克的採訪。

19. Rory Cellan-Jones, "Wayne Ting, Nearly a Billionaire. Or How Facebook Won," *dot.Rory*, blog, BBC News, December 21, 2010, http://www.bbc.co.uk/blogs/thereporters/rorycellanjones/2010/12/wayne_ting_nearly_a_billionair.html.

20. David Kirkpatrick, *The Facebook Effect* (New York: Simon & Schuster, 2011).（中文版《facebook臉書效應：從0到7億的串連》，天下雜誌，二〇一一年出版）

21. 觀看演講影片請至：https://www.youtube.com/watch?v=zCdTP2Hn26A.

22. University College London, "Novelty Aids Learning," *Science Daily*, August 4, 2006, https://www.sciencedaily.com/releases/2006/08/060804084518.htm.

23. Christie L. Nordhielm, "The Influence of Level of Processing on Advertising Repetition Effects," *Journal of Consumer Research* 29 (3) (December 2002).

24. 披頭四的西塔琴實驗，相關細節主要取材自*The Beatles Anthology* (New York: Chronicle Books, 2000); and "The Beatles and India," The Beatles Bible (date unlisted), https://www.beatlesbible.com/features/india/.

25. "Ravi Shankar: 'Our Music Is Sacred'—a Classic Interview from the Vaults," *The Guardian*, December 12, 2012, https://www.theguardian.com/music/2012/dec/12/ravi-shankar-classic-interview.

26. Tuomas Eerola, "The Rise and Fall of the Experimental Style of the Beatles," *Soundscapes*, 2000, http://www.icce.rug.nl/~soundscapes/VOLUME03/Rise_and_fall3.shtml.

第七章

1. 泰德・薩蘭多斯年輕時候的生活，相關細節主要取材自David Segal, "The Netflix Fix," *New York Times Magazine*, February 8, 2013, http://tmagazine.blogs.nytimes.com/2013/02/08/the-netflix-fix/;

Dominique Charriau, "Ted Sarandos," *Vanity Fair* (date unlisted), http://www.vanityfair.com/people/ted-sarandos; 以及我對他的採訪。

2. Alyson Shontell, "German Publishing Powerhouse Axel Springer Buys Business Insider at a Whopping $442 Million Valuation," *Business Insider,* September 30, 2015, http://www.businessinsider.com/axel-springer-acquiresbusiness-insider-for-450-million-2015-9.
3. Jason Del Rey, "Hudson's Bay Confirms $250 Million Acquisition of Gilt Groupe," *Recode,* 2016, https://www.recode.net/2016/1/7/11588582/hudsons-bay-confirms-250-million-acquisition-of-gilt-groupe.
4. Erin Griffith, "Kevin Ryan, the 'Godfather' of NYC Tech, on Serial Entrepreneurship, Gilt's IPO and a Possible Run for Mayor," *Fortune*, June 30, 2014, http://fortune.com/2014/06/30/kevin-ryan-interview-gilt-groupe/.
5. 同前註。
6. 羅斯布拉特的相關細節取材自"Profile: Martine Rothblatt," *Forbes* (May 17, 2017), https://www.forbes.com/profile/martine-rothblatt/; and "How a Millionaire Saved Her Daughter's Life—and Tens of Thousands of Others in the Process," *Business Insider,* May 5, 2016, http://www.businessinsider.com/martine-rothblatt-saved-daughters-life-united-therapeutics-2016-5.
7. "Sirius XM Holdings Inc," Google Finance (2017), https://www.google.com/finance?cid=821110323948726.

8. "United Therapeutics Corporation," Google Finance (2017) https://www.google.com/finance?q=United+Therapeutics.
9. Robert A. Baron, "Opportunity Recognition as Pattern Recognition: How Entrepreneurs 'Connect the Dots' to Identify New Business Opportunities," *Academy of Management Perspectives*, February 2006, http://www.iedmsu.ru/download/fa4_1.pdf.
10. 同前註。
11. 萊恩的話引用自我對他的採訪。
12. 薩蘭多斯的職涯生活，相關細節主要取材自我對他的採訪。
13. 弗蘭塔的相關細節取材自Libby Ryan, "Wipe Those Tears and Meet Connor Franta, Minnesota's YouTube Superstar," *Star Tribune*, April 30, 2015, http://www.startribune.com/wipe-those-tears-and-meet-minnesota-s-youtube-superstar/301705331; 以及我對他的採訪。
14. Norman R. F. Maier, "Reasoning in Humans. II. The Solution of a Problem and Its Appearance in Consciousness," University of Michigan (August 1931).
15. Mark Jung-Beeman et al., "Neural Activity When People Solve Verbal Problems with Insight," *PLOS Biology*, April 13, 2004, https://sites.northwestern.edu/markbeemanlab/files/2015/11/Neural-activity-observed-in-people-solving-verbal-problems-with-insight-1cspclw.pdf.
16. Edward M. Bowden and Mark Jung-Beeman, "Aha! Insight Experience Correlates with Solution Activation in the Right Hemisphere," *Psychonomic Bulletin and Review* 10 (3) (September 2003), http://

groups.psych.northwestern.edu/mbeeman/pubs/PBR_2003_Aha.pdf.

17. "Shower for the Freshest Thinking," Hansgrohe Group (December 5, 2014), http://www.hansgrohe.com/en/23002.htm.
18. 艾因席格的相關細節主要取材自我對他的採訪：Anthony Ha, "With MIXhalo, Incubus Guitarist Mike Einziger Aims to Deliver Studio-Quality Sound at Live Events," *TechCrunch*, 2017, https://techcrunch.com/2017/05/17/with-mixhalo-incubus-guitarist-mike-einziger-aims-to-deliver-studio-quality-sound-at-live-events/; Marshall Perfetti, "Incubus Is Imperfect on First Album in Six Years," *Cavalier Daily*, April 25, 2017, http://www.cavalierdaily.com/article/2017/04/incubus-is-imperfect-on-first-album-in-six-years.
19. Carola Salv et al., "Insight Solutions Are Correct More Often Than Analytic Solutions," *Thinking & Reasoning* 22 (4) (2016), https://sites.northwestern.edu/markbeemanlab/files/2015/11/Salvi_etal_Insight-is-right_TR2016-2n3ns9l.pdf.

第八章

1. 詹金斯所做的努力，細節取材自我對她的採訪。
2. 言情小說產業的統計數據取自"Romance Statistics," Romance Writers of America (date unlisted), https://www.rwa.org/page/romance-industry-statistics.
3. 她的每月專欄請至：http://www.sarahmaclean.net/reviews/.

4. 麥克蓮的事蹟，相關細節取材自我對她的採訪。
5. 馮內果的生平和成就，相關細節主要取材自“Kurt Vonnegut,” *Encyclopedia Britannica* (2017), https://www.britannica.com/biography/Kurt-Vonnegut.
6. Kurt Vonnegut, *A Man Without a Country* (New York: Seven Stories Press, 2005).
7. 由他的學術超級英雄團隊所進行的研究是Reagan et al., “The Emotional Arcs of Stories Are Dominated by Six Basic Shapes,” EPJ Data Science, November 4, 2016, https://epjdatascience.springeropen.com/articles/10.1140/epjds/s13688-016-0093-1.
8. 《喜新不厭舊》、巴瑞斯的參與過程、他的背景，相關細節主要取材自我對他的採訪。
9. 多巴胺的相關細節取材自我對柏恩斯的採訪。
10. 請至此處聆聽：https://www.youtube.com/watch?v=3wE5GBdPY30.
11. 柏恩斯的研究，相關細節主要取材自Gregory S. Berns and Sara E. Moore, “A Neural Predictor of Cultural Popularity,” *Journal of Consumer Psychology* 22(1) (January 2012), https://www.cs.colorado.edu/~mozer/Teaching/syllabi/TopicsInCognitiveScienceSpring2012/Berns_JCP%20-%20Popmusic%20final.pdf; 以及我對他的採訪。
12. Bianca C. Wittmann et al., “Anticipation of Novelty Recruits Reward System and Hippocampus While Promoting Recollection,” *Neuroimage* 38 (1) (October 2007), https://www.ncbi.nlm.nih.gov/pmc/articles/PMC2706325/.
13. 奧漢尼安和他的創業事蹟，相關細節主要取材自Michelle Koidin Jaffee, “The Voice of His

Generation," *University of Virginia Magazine*, Fall 2014, http://uvamagazine.org/articles/voice_of_his_generation; 以及我對他的採訪。

14. 富蘭克林努力讓寫作進步的事，相關細節主要取材自Benjamin Franklin, *The Autobiography of Benjamin Franklin* (Project Gutenberg, 2006), http://www.gutenberg.org/files/20203/20203-h/20203-h.htm; and George Goodwin, "Ben Franklin Was One-Fifth Revolutionary, Four-Fifths London Intellectual," *Smithsonian*, March 1, 2016, http://www.smithsonianmag.com/history/ben-franklin-was-one-fifth-revolutionary-four-fifths-london-intellectual-180958256/.
15. 欲閱讀此部落格的文章，請至：https://www.nytimes.com/by/andrew-ross-sorkin.
16. 索爾金的生平和著作，相關細節主要取材自我對他的採訪。

第九章

1. D. K. Simonton, "The Social Context of Career Success and Course for 2,026 Scientists and Inventors," *Personality and Social Psychology Bulletin*, August 1, 1992.
2. Dr. Benjamin Bloom, *Developing Talent in Young People* (New York: Ballantine Books, 1985).
3. D. K. Simonton, "Artistic Creativity and Interpersonal Relationships Across and Within Generations," *Journal of Personality and Social Psychology* 46 (6) (June 1984).
4. "Taylor Swift," *Billboard* (date unlisted), http://www.billboard.com/artist/371422/taylor-swift/chart.
5. 馬丁的相關細節主要取材自John Seabrook, "Blank Space: What Kind of Genius Is Max Martin?,"

The New Yorker, September 30, 2015, http://www.newyorker.com/culture/cultural-comment/blank-space-what-kind-of-genius-is-max-martin; and "List of Billboard number-one singles," Wikipedia (date unlisted), https://en.wikipedia.org/wiki/List_of_Billboard_number-one_singles.

6. "The Scandinavian Secret Behind All Your Favorite Songs," WBUR, 2015, http://www.wbur.org/onpoint/2015/10/02/dr-luke-taylor-swift-katy-perry-pop-music.
7. *Billboard* Staff, "Max Martin's Hot 100 No. 1s as a Songwriter—From Justin Timberlake's 'Can't Stop the Feeling!' to Britney Spears's '...Baby One More Time,'" *Billboard,* May 23, 2016, http://www.billboard.com/photos/7378263/max-martin-hot-100-no-1-hits-as-a-songwriter.
8. "Song Summit 2012: In Conversation—Arnthor Birgisson," Song Summit, YouTube, 2012, https://www.youtube.com/watch?v=i6jkDdc_b8I.
9. 麥姬的相關細節主要取材自John Seabrook, "The Doctor Is In," *The New Yorker,* October 14, 2013, http://www.newyorker.com/magazine/2013/10/14/the-doctor-is-in.
10. Bloom, "Developing Talent in Young People."
11. 瓦拉赫的生平和作品，相關細節取材自Zack O'Malley Greenburg, "For 30 Under 30 Alum D. A. Wallach, a Strong Start to the Next 30," *Forbes,* November 24, 2015, https://www.forbes.com/sites/zackomalleygreenburg/2015/11/24/for-30-under-30-alum-d-a-wallach-a-strong-start-to-the-next-30/#18b4b49654bb; 以及我對他的採訪。
12. 他是白天的泳池派對中八十個唱歌的人之一。

13. 魯賓斯坦和凱雷集團的相關細節，主要取材自“About David,” davidrubenstein.com (date unlisted), http://www.davidrubenstein.com/biography.html; “Profile: David Rubenstein,” *Forbes*, October 10, 2017, https://www.forbes.com/profile/david-rubenstein/；以及我對他的採訪。

14. 細節取材自“MarketBeat Manhattan Q1 2017,” Cushman & Wakefield (2017), http://www.cushmanwakefield.com/en/research-and-insight/unitedstates/manhattan-office-snapshot/; “MarketBeat San Francisco Q1 2017,” Cushman & Wakefield (2017), http://www.cushmanwakefield.com/en/research-and-insight/unitedstates/san-francisco-office-snapshot/; and “San Francisco,” RedFin (2017), https://www.redfin.com/city/17151/CA/San-Francisco.

15. Richard Florida, *The Rise of the Creative Class* (New York: Basic Books, 2014).（中文版《創意新貴》，寶鼎，二〇〇三年出版）

16. Brian Knudsen et al., “Urban Density, Creativity, and Innovation,” *Creative Class*, May 2007, http://creativeclass.com/rfcgdb/articles/Urban_Density_Creativity_and_Innovation.pdf.

17. 欲進一步瞭解知識外溢，請參見：David B. Audretsch and Maryann P. Feldman, “Knowledge Spillovers and the Geography of Innovation,” *Handbook of Urban and Regional Economics* 4 (May 9, 2003), http://www.econ.brown.edu/Faculty/henderson/Audretsch-Feldman.pdf.

18. 查普曼的生平和作品，相關細節主要取材自Jim Vorel, “Lincoln Grad Proud of Her ‘Brave’ Oscar,” *Herald & Review*, May 9, 2013, http://herald-review.com/entertainment/local/lincoln-grad-proud-of-her-brave-oscar/article_689eee72-b8e6-11e2-8919-0019bb2963f4.html; Nicole Sperling, “When the

Glass Ceiling Crashed on Brenda Chapman," *Los Angeles Times*, May 25, 2011, http://articles.latimes.com/2011/may/25/entertainment/la-et-women-animation-sidebar-20110525; 以及我對她的採訪。

19. 帕塞克和保羅的相關細節，主要取材自Michael Paulson, "What It's Like to Make It in Showbiz with Your Best Friend," *New York Times*, November 10, 2016, http://nytimes.com/2016/11/13/theater/benj-pasek-justin-paul-dear-evan-hansen.html; Alexa Valiente, "'Dear Evan Hansen' Creators Benj Pasek and Justin Paul Say the Musical Almost Had a Different Storyline," ABC News, 2017, http://abcnews.go.com/Entertainment/dear-evan-hansen-creators-benj-pasek-justin-paul/story?id=47864862; Marc Snetiker, "First Listen: Dear Evan Hansen Debuts Inspiring Anthem 'You Will Be Found,'" *Entertainment Weekly* (January 30, 2017), http://ew.com/theater/2017/01/30/dear-evan-hansen-you-will-be-found-first-listen; 以及我對帕塞克的採訪。
20. 那個劇場是華盛頓特區的圓形舞台（Arena Stage）。
21. Charles Isherwood, "Review: In 'Dear Evan Hansen,' a Lonely Teenager, a Viral Lie and a Breakout Star," *New York Times*, December 4, 2016, https://www.nytimes.com/2016/12/04/theater/dear-evan-hansen-review.html.
22. 孔達波魯的相關細節，主要取材自我對他的採訪。
23. "Comedy Listings for July 29–Aug. 4," *New York Times*, July 28, 2016, https://www.nytimes.com/2016/07/29/arts/comedy-listings-for-july-29-aug-4.html.
24. Casey Neistat, "iPod's Dirty Secret - from 2003," YouTube, 2003, https://www.youtube.com/

watch?v=SuTcavAzopg.

25. "The Neistat Brothers," IMDb (date unlisted), http://www.imdb.com/title/tt1666727/.
26. 看看他：https://www.youtube.com/user/caseyneistat/videos.
27. 戴勒的相關細節主要取材自Alastair Sooke, "Jeremy Deller: 'When I Got Close to Warhol,'" BBC, December 2, 2014, http://www.bbc.com/culture/story/20141202-when-i-got-close-to-warhol.
28. Jacob Warren Getzels and Mihály Csíkszentmihályi, *The Creative Vision: A Longitudinal Study of Problem Finding in Art* (Hoboken: Wiley, 1976).
29. "Maria Goeppert Mayer—Biographical," NobelPrize.org (date unlisted), https://www.nobelprize.org/nobel_prizes/physics/laureates/1963/mayer-bio.html; and "Maria Goeppert Mayer," Atomic Heritage Foundation (date unlisted), http://www.atomicheritage.org/profile/maria-goeppert-mayer.
30. Harriet Zuckerman, *Scientific Elite: Nobel Laureates in the United States* (New Brunswick: Transaction Publishers, 1977).
31. CMT Staff, "Taylor Swift Joins Rascal Flatts Tour," CMT News, 2006, http://www.cmt.com/news/1543489/taylor-swift-joins-rascal-flatts-tour/.
32. Christina Garibaldi, "Taylor Swift Is Making Shawn Mendes' Dreams Come True," MTV News, 2014, http://www.mtv.com/news/1997360/taylor-swift-shawn-mendes-1989-world-tour/.
33. Andrea Gaggioli et al., *Networked Flow: Towards an Understanding of Creative Networks* (New York: Springer, 2013), http://www.springer.com/gp/book/9789400755512.

34. Stacy L. Smith et al., "Inclusion or Invisibility?," Annenberg School for Communication and Journalism, February 22, 2016, http://annenberg.usc.edu/pages/~/media/MDSCI/CARDReport%20FINAL%2022216.ashx.

第十章

1. 班傑瑞的相關細節，主要取材自我對傑瑞．葛林菲爾德和班傑瑞員工的採訪、我拜訪班傑瑞總部的過程，以及親口品嘗產品的經驗。此外，也參考"Our History," Ben & Jerry's (date unlisted), http://www.ben-jerry.com/about-us#1timeline.
2. 約克森的生平和作品，相關細節主要取材自我對她的採訪。
3. Mike Fleming Jr., "'Hunger Games' Producer Nina Jacobson Acquires Kevin Kwan's 'Crazy Rich Asians,'" *Deadline*, August 6, 2013, http://deadline.com/2013/08/hunger-games-producer-nina-jacobson-acquires-kevin-kwans-crazy-rich-asians-557932/.
4. 欲進一步瞭解，請參見：Edward Jay Epstein, "Hidden Persuaders," *Slate*, July 18, 2005, http://www.slate.com/articles/arts/the_hollywood_economist/2005/07/hidden_persuaders.html.
5. 潘恩的生平和研究成果，相關細節主要取材自我對他的採訪。
6. "*Fatal Attraction*," IMDb (date unlisted), http://www.imdb.com/title/tt0093010/.
7. 戈茲的相關細節，主要取材自我對他的採訪，以及"Who We Are," Screen Engine (date unlisted), http://www.screenenginellc.com/who.html.

8. Bill Clinton, "Clinton's Speech Accepting the Democratic Nomination for President," *New York Times*, August, 30, 1996, http://www.nytimes.com/1996/08/30/us/clinton-s-speech-accepting-the-democratic-nomination-for-president.html.

9. 崔瑟威的生平和著作，相關細節主要取材自我對她的採訪。

後記

1. 羅琳寫《哈利波特》的概念，故事相關細節取材自"Harry Potter and Me," BBC, 2001, https://youtu.be/SrJiAG8GmnQ; Lindsay Fraser, "Harry and Me," *The Scotsman*, November 9, 2002, http://www.scotsman.com/lifestyle/culture/books/harry-and-me-1-628320; and "JK Rowling," Jkrowling.com (date unlisted), https://www.jkrowling.com/about/.

2. Doreen Carvajal, "Children's Book Casts a Spell Over Adults; Young Wizard Is Best Seller and a Copyright Challenge," *New York Times*, April 1, 1999, http://www.nytimes.com/1999/04/01/books/children-s-book-casts-spell-over-adults-young-wizard-best-seller-copyright.html.

3. James B. Stewart, "In the Chamber of Secrets: J. K. Rowling's Net Worth," *New York Times*, November 24, 2016, https://www.nytimes.com/2016/11/24/business/in-the-chamber-of-secrets-jk-rowlings-net-worth.html.

4. "Magic, Mystery, and Mayhem," Amazon.co.uk.

5. "Magic, Mystery, and Mayhem: An Interview with J. K. Rowling," Amazon.co.uk (date unlisted),

https://www.amazon.com/gp/feature.html?docId=6230.

6. Hayley Dixon, "JK Rowling Tells of Her Mother's Battle with Multiple Sclerosis," *The Telegraph*, April 28, 2014, http://www.telegraph.co.uk/news/celebritynews/10791375/JK-Rowling-tells-of-her-mothers-battle-with-multiple-sclerosis.html.

7. 羅琳的準備資料，相關細節取材自Rowling, "Harry Potter and Me."

8. 羅琳的手繪情節表請見：Colin Marshall, "How J. K. Rowling Plotted Harry Potter with a Hand-Drawn Spreadsheet," *Open Culture* (2015), http://www.openculture.com/2014/07/j-k-rowling-plotted-harry-potter-with-a-hand-drawn-spreadsheet.html.

9. Rachel Gillett, "From Welfare to One of the World's Wealthiest Women — The Incredible Rags-to-Riches Story of J. K. Rowling," *Business Insider*, May 18, 2015, http://www.businessinsider.com/the-rags-to-riches-story-of-jk-rowling-2015-5.

10. Geordie Greig, "'I Was As Poor As It's Possible to Be... Now I Am Able to Give': In This Rare and Intimate Interview, JK Rowling Reveals Her Most Ambitious Plot Yet," *Daily Mail*, October 26, 2013, http://www.dailymail.co.uk/home/event/article-2474863/JK-Rowling-I-poor-possible-be.html.

11. J. K. Rowling and Margaret Lenker, "5 Times J.K. Rowling Got Real About Depression," *The Mighty*, August 1, 2015, https://themighty.com/2015/08/5-times-j-k-rowling-got-real-about-depression/.

12. 羅琳早期和利特爾合作的細節，取材自Chris Hastings and Susan Bisset, "Literary Agent Made £15m Because JK Rowling Liked His Name," *The Telegraph*, June 15, 2003, http://www.telegraph.

co.uk/news/uknews/1433045/Literary-agent-made-15m-because-JK-Rowling-liked-his-name.html; Fraser, "Harry and Me"; J. K. Rowling, "Harry Potter and Me," BBC, 2001, https://youtu.be/SrJiAG8GmnQ; and David Smith, "Harry Potter and the Man Who Conjured Up Rowling's Millions," *The Guardian*, July 15, 2007, https://www.theguardian.com/business/2007/jul/15/harrypotter.books.

13. Alison Flood, "JK Rowling Says She Received 'Loads' of Rejections Before Harry Potter Success," *The Guardian*, March 24, 2015, http://www.foxnews.com/story/2008/03/23/jk-rowling-considered-suicide-while-suffering-from-depression-before-writing.html.

14. 康寧漢參與的過程，相關細節主要取材自我對他的採訪。

15. Lisa DiCarlo, "Harry Potter and the Triumph of Scholastic," *Forbes*, May 9, 2002, https://www.forbes.com/2002/05/09/0509harrypotter.html.

16. "New Cafe at Building Where JK Rowling Penned Harry Potter Book," *The Scotsman*, October 31, 2009, http://www.scotsman.com/news/new-cafe-at-building-where-jk-rowling-penned-harry-potter-book-1-1222584; and "Book Written in Edinburgh Cafe Sells For $100,000," *The Herald* (1997).

國家圖書館出版品預行編目資料

尋找創意甜蜜點：掌握創意曲線，發現「熟悉」與「未知」的黃金交叉點，每個人都是創意天才 / 亞倫・甘奈特（Allen Gannett）著；趙盛慈譯. -- 初版. -- 臺北市：大塊文化, 2019.03

312面；14.8×20公分. --（Smile；161）

譯自：The creative curve : how to develop the right idea, at the right time

ISBN 978-986-213-958-5（平裝）

1. 職場成功法　2. 創意

494.35　　108001464

LOCUS

LOCUS